2021
최/강/합/격

실기

한식
조리기능사

KB084760

최강합격
한식조리기능사 실기

2020. 7. 13. 초 판 1쇄 인쇄
2020. 7. 21. 초 판 1쇄 발행

저자와의
협의하에
검인생략

지은이 | 고영숙, 김현주
펴낸이 | 이종춘
펴낸곳 | **BM** (주)도서출판 **성안당**

주소 | 04032 서울시 마포구 양화로 127 첨단빌딩 3층(출판기획 R&D 센터)
　　　 10881 경기도 파주시 문발로 112 출판문화정보산업단지(제작 및 물류)

전화 | 02) 3142-0036
　　　 031) 950-6300

팩스 | 031) 955-0510
등록 | 1973. 2. 1. 제406-2005-000046호
출판사 홈페이지 | www.cyber.co.kr
ISBN | 978-89-315-8981-8 (13590)
정가 | 19,000원

이 책을 만든 사람들

책임 | 최옥현
기획·진행 | 박남균
교정·교열 | 디엔터
표지·본문 디자인 | 디엔터, 박원석
홍보 | 김계향, 유미나
국제부 | 이선민, 조혜란, 김혜숙
마케팅 | 구본철, 차정욱, 나진호, 이동후, 강호묵
마케팅 지원 | 장상범, 조광환
제작 | 김유석

■ **도서 A/S 안내**

성안당에서 발행하는 모든 도서는 저자와 출판사, 그리고 독자가 함께 만들어 나갑니다.
좋은 책을 펴내기 위해 많은 노력을 기울이고 있습니다. 혹시라도 내용상의 오류나 오탈자 등이 발견되면 **"좋은 책은 나라의 보배"**로서 우리 모두가 함께 만들어 간다는 마음으로 연락주시기 바랍니다. 수정 보완하여 더 나은 책이 되도록 최선을 다하겠습니다.
성안당은 늘 독자 여러분들의 소중한 의견을 기다리고 있습니다. 좋은 의견을 보내주시는 분께는 성안당 쇼핑몰의 포인트(3,000포인트)를 적립해 드립니다.

잘못 만들어진 책이나 부록 등이 파손된 경우에는 교환해 드립니다.

한식 조리기능사 실기

2021
최/강/합/격

실기

고영숙 · 김현주 지음

(주)도서출판 성안당

고영숙

약력 現)고영숙요리학원 원장 및 효(孝)제례원 대표
現)강동대학교 호텔조리제빵과 겸임교수
現)소상공인시장진흥공단 컨설팅 컨설턴트(비법전수)
숙명여자대학교(전통문화예술대학원 전통식생활문화전공) 석사졸업
한국조리아카데미 부원장역임
국가기술자격 조리기능사 실기 감독위원 역임
지방기능경기대회 심사위원 역임
국가공인 조리기능장

출연 O'live TV 한식대첩3 충남 대표(2015)
Mbn TV 리얼 다큐 숨(2015)
한국직업방송 TV 직업의 현장 '조리기능장의 삶'(2016)
삼성전자 '패밀리 허브 냉장고' 광고 모델(2016)
EBS 최고의 요리비결(2016)
KBS 아침마당 '충남 김치고수'편(2018)
現)공영홈쇼핑 게스트 '갈비탕, 삼계탕, 도가니탕, 차돌양지탕'(2019~)
그 외 다수

김현주

약력 現)그랜드 하얏트 서울
경희대학교 일반대학원(조리외식경영학과) 석사졸업
지방기능경기대회 심사위원 역임
양식조리산업기사

수상 Wellington Culinary Fare 단체부문 은메달(2007)
지방 기능경기대회 요리직종 은메달(2007)
전국 기능경기대회 요리직종 동메달(2007)
세계한식요리경연축제 동상(2009)
세계한식홍보축제 금상(2010)
완주 와일드 푸드 축제 술 테마음식 전국조리경연대회 대상(2011)
'굿테이스트시리즈 2019' 요리대회 2위(2019)
그 외 다수

책을 내면서

외식산업 발달과 경제 수준 향상으로 사회적 구조의 변화에 따라 우리의 식생활 문화는 그 패턴이 달라지고 있습니다.

단지 섭취하는 것만으로 충족하지 않고 분위기를 연출하고 맛과 문화를 즐기는 다양한 생활 음식 문화로 변화하면서 음식에 관한 관심이 매우 높게 자리 잡고 있습니다.

필자는 실무 및 대학 강의 경험과 실기감독위원을 통해 실전에서의 수검자가 이해하기 쉽도록 하나 하나 세심한 설명으로 아래 6가지의 사항에 중점을 두고 집필하였습니다.

6가지 POINT

1. 한식 실기 31가지 메뉴 완성 사진
2. 한식 실기 31가지 메뉴 과정 사진
3. 한식 실기 31가지 메뉴 지급재료 사진
4. 조리과정에 대한 자세한 설명 레시피
5. 누구도 알려주지 않는 한 끗 TIP
6. 감독 시선 POINT

이러한 6가지 사항들을 수록하여 이 교재로 한식조리사의 길에 첫발을 내딛는 모든 분께 합격의 영광이 있기를 기대하면서 부족한 부분은 앞으로 계속 보완해 나가겠습니다.

끝으로 이 교재가 출간되기까지 긴 시간 기다리며 배려해 주신 성안당 이종춘 회장님과 임직원분들, 박남균 대표님, 사진 촬영을 해주신 도영찬 실장님을 비롯한 모든 임직원 여러분께 고마움을 전합니다.

감사합니다.

저자 고영숙, 김현주

목차

한식조리기능사 기초이론

31가지 실기 공개과제

기초조리

재료 썰기
· 036 ·

밥

콩나물밥
· 040 ·

비빔밥
· 044 ·

죽

장국죽
· 050 ·

탕, 찌개

완자탕
· 054 ·

두부젓국찌개
· 058 ·

생선찌개
· 062 ·

전

생선전
· 066 ·

육원전
· 070 ·

표고버섯전
· 074 ·

풋고추전
· 078 ·

특 별 부 록

· 31가지 실기 공개과제 핵심 레시피 포켓북

한국음식에서는 '갖은 양념'이라 하여 간장, 된장, 설탕, 고춧가루, 깨소금, 참기름, 들기름, 후춧가루, 식초, 파, 마늘 등 양념의 종류가 많아 이것을 적절하게 사용하여 음식 맛을 낸다. 특히 파, 마늘, 고춧가루, 설탕, 간장, 소금 등을 많이 사용하여 식품이 지니고 있는 고유의 맛보다 양념의 맛이 강한 편이라 자극적인 부분도 있다. 음식 위에 올라가는 고명으로 달걀지단, 잣, 버섯, 은행 등을 음식 위에 장식하면서 음식의 아름다움과 맛을 살린다.

한식조리기능사 기초이론

1. 한식조리기능사 실기시험 안내

(1) 한식조리기능사
① 한식조리기능사란 산업인력공단에서 시행하는 한식조리기능사 시험에 합격하여 그 자격을 취득한 자를 말한다.
② 조리기능사 자격제도는 위생적이고 안전한 음식을 조리하여 제공하기 위한 전문인력을 양성하기 위해 제정된 국가기술자격이다.

(2) 자격 특징
① 한식조리기능사는 음식 재료를 씻고, 자르고, 익히고, 간을 맞추어 안전성과 영양 및 미각을 고려하여 음식을 만드는 업무를 수행한다.
② 구체적으로 한식조리 부문에 배속되어 제공될 음식에 대한 계획을 세우고 조리할 재료를 선정하여 구입하고 검수하며, 구입한 재료를 위생학적, 영양학적으로 저장·관리하는 작업을 행한다. 또한 선정된 재료를 적정한 조리기구를 사용하여 조리 업무를 수행하고, 음식을 제공하는 장소에서 조리시설 및 기구를 위생적으로 관리하고 유지하는 업무를 담당한다.
③ 2017년도부터는 기존의 검정형 시험방법 외에 과정평가형으로도 한식조리기능사 자격을 취득할 수 있다.

(3) 응시자격
① 응시자격에는 제한이 없다. 연령, 학력, 경력, 성별, 지역 등에 제한을 두지 않는다.
② 주로 조리 관련 사설 교육기관에서 자격시험에 대한 교육을 이수한 후 응시하는 경우가 많다.

(4) 2020년 시험과목 변경사항 안내
국가기술자격법 시행규칙 개정에 따라 해당 종목의 필기·실기시험 과목이 2020년부터 아래와 같이 시행될 예정입니다.

구분		현행	변경 (2020년 적용)	비고
시험 과목	필기 시험	식품위생 및 관련 법규, 식품학, 조리이론 및 급식관리, 공중보건	한식 재료관리, 음식조리 및 위생관리	국가직무능력표준 (NCS)을 활용하여 현장직무중심으로 개편
	실기 시험	한식조리 작업	한식조리 실무	

(5) 검정방법
① 필기 : 객관식 4지 택일형, 60문항 (60분)
② 실기 : 작업형 (70분 정도)

2. 실기시험을 위한 팁

(1) 수험자 지참 준비물

번호	재료명	규격	단위	수량	비고
1	가위	조리용	EA	1	
2	강판	조리용	EA	1	
3	계량스푼	사이즈별	SET	1	눈금표시스푼, 눈금표시 컵 사용불가
4	계량컵	200㎖	EA	1	눈금표시스푼, 눈금표시 컵 사용불가
5	공기	소	EA	1	
6	국대접	소	EA	1	
7	냄비	조리용	EA	1	시험장에도 준비되어 있음
8	도마	흰색 또는 나무도마	EA	1	시험장에도 준비되어 있음
9	뒤집개	–	EA	1	
10	랩, 호일	조리용	EA	1	
11	밀대	소	EA	1	
12	비닐봉지, 비닐백	소형	장	1	
13	비닐팩	–	EA	1	
14	상비의약품	손가락 골무, 밴드 등	EA	1	
15	석쇠	조리용	EA	1	시험장에도 준비되어 있음
16	소창 또는 면보	30*30cm 정도	장	1	
17	쇠조리(혹은 체)	조리용	EA	1	시험장에도 준비되어 있음
18	숟가락	스텐레스제	EA	1	
19	앞치마	백색(남, 여 공용)	EA	1	위생복장을 갖추지 않으면 채점대상에서 제외됨(실격)
20	위생모 또는 머리수건	백색	EA	1	위생복장을 갖추지 않으면 채점대상에서 제외됨(실격)
21	위생복	상의–백색/긴팔, 하의–긴바지(색상 무관)	벌	1	위생복장을 갖추지 않으면 채점대상에서 제외됨(실격)
22	위생타올	면또는 키친타올 등	매	1	
23	이쑤시개	–	EA	1	
24	젓가락	나무젓가락 또는 쇠젓가락	EA	1	
25	종이컵	–	EA	1	
26	칼	조리용칼, 칼집 포함	EA	1	눈금표시칼 사용 불가
27	키친페이퍼		EA	1	
28	후라이팬	소형	EA	1	시험장에도 준비되어 있음

※ 지참준비물의 수량은 최소 필요수량으로 수험자가 필요 시 추가 지참 가능합니다.

※ 길이를 측정할 수 있는 눈금 표시가 있는 조리기구는 사용불가 합니다(예, 칼, 계량스푼 등).

변경 전	변경 후
눈금표식이 보이지 않도록 조치 후 사용	사용 불가

※ 요구사항의 무게나 부피 표시내용 변경

요구사항 표시		채점 적용 범위
변경 전	변경 후	
○○g 정도, ○○㎖ 정도	○○g 이상, ○○㎖ 이상	○○g 미만, ○○㎖ 미만일 경우 : 과제 요구사항을 충족하지 못하였으므로 채점대상에서 　제외되어 '미완성'으로 처리 　예시) 탕, 수프, 찌개, 육회 등

※ 지급재료 중 닭다리 1개는 1/2마리(마리당 1.2kg 정도)로 대체하여 지급 가능

(2) 올바른 위생복(조리복)착용 방법

1) 개인위생상태 세부기준

순번	구분	세 부 기 준	
1	위생복	• 상의 : 흰색, 긴팔	• 하의 : 색상무관, 긴바지
		• 안전사고 방지를 위하여 반바지, 짧은 치마, 폭넓은 바지 등 작업에 방해가 되는 모양이 아닐 것	
2	위생모 (머리수건)	• 흰색	• 일반 조리장에서 통용되는 위생모
3	앞치마	• 흰색	• 무릎아래까지 덮이는 길이
4	위생화 또는 작업화	• 색상 무관	• 위생화, 작업화, 발등이 덮이는 깨끗한 운동화
		• 미끄러짐 및 화상의 위험이 있는 슬리퍼류, 작업에 방해가 되는 굽이 높은 구두, 속 굽 있는 　운동화가 아닐 것	

5	장신구	• 착용 금지 • 시계, 반지, 귀걸이, 목걸이, 팔찌 등 이물, 교차오염 등의 식품위생 위해 장신구는 착용하지 않을 것
6	두발	• 단정하고 청결할 것 • 머리카락이 길 경우, 머리카락이 흘러내리지 않도록 단정히 묶거나 머리망 착용할 것
7	손톱	• 길지 않고 청결해야 하며 매니큐어, 인조손톱부착을 하지 않을 것

※ 위생복, 위생모, 앞치마 미착용 시 채점대상에서 제외
※ 개인위생 및 조리도구 등 시험장 내 모든 개인물품에는 기관 및 성명 등의 표시가 없을 것

3. 한국음식의 배경과 역사

우리나라는 아시아 동부에 위치하고 있는 반도로서 삼면이 바다로 둘러싸여 있으며 사계절이 뚜렷하고 지역적으로 기후 차이가 있다.

자연적인 환경에서 다양하게 생산되는 농산물과 수산물, 축산물의 재료를 이용하여 지역적 특성을 살린 음식들이 잘 발달되었으며, 한반도에서는 B.C 6000년쯤부터 빗살무늬 토기의 신석기 문화가 시작되었다. 신석기인들은 사냥과 고기잡이를 주로 하였으며, 이후 원시 농경 생활로 바뀌게 되었다.

B.C 2000~1500년쯤부터 벼재배가 시작되었으며 조, 기장, 보리, 콩, 수수, 팥 등 곡물 생산이 늘어나기 시작했다. 또한, 가축의 생산도 많이 늘어났으며 농경이 활발하게 발달하고 제천의식으로 제를 지낸 후 음주 가무(歌舞)를 하는 풍습과 곡물을 이용해 밥도 짓고, 떡을 만들었으며 술을 빚는 기술은 뛰어나서 중국까지 널리 알려졌다.

삼국시대에는 철기문화가 발달하였으며 농경기술이 발달하여 벼농사가 크게 보급되었고 불교가 들어오면서 살생을 금하여 육식을 못 먹는 계율로 식생활에 있어 큰 영향을 끼쳤다.

통일신라 시대를 지나 고려 시대가 시작되면서 불교는 더욱 융성하여 육식습관은 쇠퇴하고 사찰음식이 크게 발달하였으며, 부처님께 차를 바치는 헌다(獻茶)의 예와 풍류로 차를 즐기는 습관이 성행하여 다도(茶道)의 예절이 시작되었다.

고려시대 중기 이후 승려보다 무관의 세력이 강해져 사회 풍조가 변화했으며 육식의 습관이 다시 성행했고 몽고족의 침입과 원나라와의 빈번한 교류로 포도주, 설탕, 후추 등이 교역품으로 들어오게 되면서 떡, 다식, 약과 등의 다양한 조리법의 곡물 음식이 탄생했다. 또한, 된장, 간장, 김치, 술 등의 저장음식이 완성되는 시기였다.

조선시대 중기 이후에 와서 남방으로부터 감자, 고구마, 호박, 땅콩, 옥수수, 고추 등이 전래되었으며 고추의 전래로 한국음식의 맛은 급격하게 바뀌었다. 고추를 이용한 여러 가지 음식의 양념뿐 아니라 고추장, 김치 등 우리나라 음식의 특징인 매운맛과 붉은 빛깔의 음식이 만들어지게 되었다. 식품이 다양해지고 조리법의 상차림이 형식을 갖추게 되었으며, 명절이나 때에 따른 시식과 절식도 즐기게 되었고 특색있는 지방의 향토음식도 등장했다. 또한, 고도의 조리기술을 가진 주방 상궁과 숙수들에 의하여 궁중에서는 각 지역에서 진귀한 식재료를 가지고 한국음식 최고의 절정기를 누렸다.

한국음식은 조선왕조후기에 완성되었으나 20세기에 와서는 중국, 일본, 서양문화의 음식이 들어오게 되고 한국음식에 많은 영향을 주면서 우리의 고유성이 변화되고 있다.

4. 한국음식의 특징

(1) 주식이 밥이고 다양한 찬물들이 부식이 된다.

일상의 식사로는 곡물로 지은 밥을 주식으로 하고 때로는 죽, 국수, 만두를 주식으로 이용한다. 부식은 육류, 채소, 어패류 등의 재료를 배합하여 조화롭게 만든 국, 찌개, 전골, 찜, 구이, 조림, 볶음, 전, 편육, 나물, 생채, 장아찌, 김치, 젓갈, 포 등 매우 다양한 조리법을 이용하여 만든다. 또한, 일상적인 음식 외에 후식 및 기호식품으로 떡, 과자, 차, 술, 화채, 엿 등이 있다.

(2) 음식의 맛과 멋이 다채롭다.

한국음식에서는 '갖은 양념' 이라 하여 간장, 된장, 설탕, 고춧가루, 깨소금, 참기름, 들기름, 후춧가루, 식초, 파, 마늘 등 양념의 종류가 많아 이것을 적절하게 사용하여 음식 맛을 낸다. 특히 파, 마늘, 고춧가루, 설탕, 간장, 소금 등을 많이 사용하여 식품이 지니고 있는 고유의 맛보다 양념의 맛이 강한 편이라 자극적인 부분도 있다. 음식 위에 올라가는 고명으로 달걀지단, 잣, 버섯, 은행 등을 음식 위에 장식하면서 음식의 아름다움과 맛을 살린다.

(3) 시간과 정성을 많이 들이는 음식이다.

한국음식은 음식을 조리하기에 앞서 대체로 재료를 잘게 다지거나 얇게 저며 채로 썰어 조미하는 경우가 많아 음식의 식감이 부드럽고 먹기도 쉽다. 채소를 다듬어 데쳐 나물로 무치고 절이거나 양념하여 숙성시키는 김치와 생으로 양념하는 겉절이가 있다. 다른 서양요리나 그 밖의 나라처럼 육류나 어류를 통째로 조리하는 한국음식은 거의 없는 편이다.

(4) 기본 철학인 '의식동원', '음양오행설'이 바탕이 되는 음식이다.

한국음식문화에는 '의식동원(醫食同原)'과 '음양오행설(陰陽五行說)'의 기본 철학이 있다. 인간의 건강을 유지하기 위한 것으로 '의식동원'은 질병 치료와 식사는 그 근원이 같다는 뜻이며, '음양오행설'은 목(木), 화(火), 토(土), 금(金), 수(水) 오행의 다섯 요소에 만물을 배합시켜 상생(相生), 상극(相剋) 관계가 성립되는 원칙과 음양조화가 결합된 이론이다. 한국음식에는 단맛, 짠맛, 신맛, 매운맛, 쓴맛인 오미의 양념을 원재료에 맞게 사용해서 맛을 낸다. 백색, 청색, 적색, 황색, 흑색은 오방색으로 음식에 배합하기도 하고 오색고명을 음식에 올려 아름답게 장식한다.

(5) 계절에 따른 명절식과 시식의 풍습이 있다.

정월 초하루, 정월 대보름, 삼월 삼짇날, 단오, 추석 등 연중의 큰 명절과 절기에 맞는 식재료로 음식을 만들어 함께 나누어 먹는 것을 즐겼다. 시·절식에 맞게 설에는 떡국, 정월 대보름은 오곡밥과 묵은 나물과 부럼, 삼짇날에는 진달래꽃을 따서 화전과 화채를 해 먹었다. 오월에는 수리취떡, 삼복에는 삼계탕이나 여름 과일, 추석에는 송편과 닭찜, 동지에는 팥죽, 섣달에는 전골 등으로 명절과 매달 먹는 별미 음식이 있다.

5. 한국음식의 분류

(1) 반가(班家)음식

반가(班家)음식은 조선시대 사대부 집안이나 양반 집안의 음식을 말한다. 조선시대 양반은 최상급의 사회계급으로 정치에 참여할 수 있는 권력과 부가 있는 왕족이나 종친, 궁중을 출입하는 대관 고작 등, 궁과 친인척 관계 계층들이 먹는 음식이며, 일반가정에서의 음식과는 다른 독특한 규범이 있다. 조선시대 궁중에서 잔치 때 차렸던 음식들을 종친이나 친인척, 신하에게 하사하면서 궐 밖으로 전해졌으며 왕가에 경사가 있을 때 반가에서 만든 음식을 궁중에 진상하면서 궁중과 반가와의 음식이 교류가 되면서 서로 영향을 미치게 되었다. 반가음식은 지역마다 생산되는 식재료가 다르고 집안 대대로 전해지는 비법이 음식 맛과 품격을 유지하며 전통음식이 보존되어 오늘날 한국음식으로 보존되었다.

(2) 궁중음식

궁중음식은 궁중에서 만든 음식이며 우리 민족의 최고 음식이다. 조선시대 왕가의 음식과 일상적인 일상식과 의례, 연회에 따라 특별한 음식과 상차림으로 나누어 차려졌다. 음식을 만드는 법과 음식을 진설(陳設)하는 법이 제도화되었으며 궁중에서 차리는 음식 상차림의 종류도 받는 신분에 따라 차리는 목적과 때에 따라서 나뉘었다. 영조실록에는 왕의 식사는 하루에 다섯 번이지만 영조는 검소하여 하루에 세 번만 상을 받았다고 기록되어 있다. 초조반으로는 죽상, 10시경 아침 수라상, 낮거상으로 장국상이나 다과상으로 간단하게 차렸고, 저녁수라는 12첩 반상을 차림으로 대원반과 곁반, 모반의 3상으로 구성되었다.

(3) 사찰음식

사찰음식은 고려왕조 이후로 전해진 불교의 교리에 따른 음식이다. 산짐승을 먹지 않으며 양념에는 오신채(마늘, 파, 부추, 달래, 흥거)를 넣지 않고 만들어 맛이 담백하고 자극적이지 않다. 음식의 조리방법이 간단하여 주재료의 맛과 향을 살리도록 양념을 제한하고 인위적인 조미료를 사용하지 않는 음식이다. 사찰음식이 종교적인 상황과 근본정신에 맞추어 드러나지 못하고 구전으로 알려졌기 때문에 그 방법들이 한 가지로 묶이지 않았다. 사찰음식은 음식 명칭이 같아도 각 지방의 절에 따라 만드는 방법이 달라 맛의 차이가 있으며, 채소나 버섯으로 만든 김치, 장아찌류, 나물, 잡채, 두부, 묵, 각종 부각류가 있다.

(4) 향토음식

사계절이 뚜렷하고 지형적으로 남북으로 길게 뻗은 산맥과 삼면이 바다로 둘러싸인 한반도 사이에 크고 작은 강이 흘러내리는 평야가 펼쳐져 있어 고을마다 자연환경이 다르고 기후도 다르므로 특색있는 다양한 식재료가 풍부하여 지역에서 생산되는 특산물로 만드는 향토색이 짙은 조리법이 많다. 이를 향토음식이라 한다.

지역별 향토음식

지역	음식
서울	신선로, 구절판, 설렁탕, 탕평채, 국수장국, 비빔국수 등
경기도	조랭이떡국, 갈비탕, 오곡밥, 개성편수, 무찜 등
충청도	어리굴젓, 날떡국, 호박범벅, 청국장, 올갱이국, 게국지, 우럭젓국 등
강원도	강냉이밥, 메밀막국수, 마른오징어, 황태 등
전라도	전주비빔밥, 콩나물국밥, 고들빼기김치, 홍어회, 젓갈류 등
경상도	안동식혜, 동래파전, 담뿍장, 막장, 진주비빔밥 등
제주도	자리물회, 옥돔, 해물뚝배기, 빙떡, 전복죽 등
함경도	함흥냉면, 순대, 가자미식혜, 북어전, 잡곡밥 등
평안도	온반, 어복쟁반, 메밀냉면, 만두, 굴만두 등
황해도	돼지족조림, 김치밥, 남배국, 연안식해 등

6. 한국음식의 종류

(1) 주식

1) 밥

밥은 가장 기본이 되는 주식이며, 곡물을 익히는 조리법은 다양하지만, 그중에 밥은 가장 일상적이며 보편적인 대표 음식이라 할 수 있다. 밥은 쌀로만 지은 흰 쌀밥을 비롯하여 콩밥, 팥밥, 강낭콩밥, 기장밥, 완두콩밥, 조밥, 수수밥 등의 잡곡밥이 있으며 육류 및 어패류, 채소 등을 섞어 다양하게 지은 별미밥과 밥 위에 각종 나물, 고기 등을 넣어 비벼 먹는 비빔밥이 있다.

2) 죽·미음·응이

죽은 곡물에 물을 넣고 끓여 반유동식의 상태로 만든 음식이다. 미음은 곡물을 충분히 고아서 체에 내린 것으로 죽보다 묽다. 응이는 녹말가루로 쑨 미음보다 더 묽은 음식이다.

3) 국수

국수는 무병장수를 기원하는 뜻으로 생일날, 결혼식, 회갑, 장례를 치를 때 주로 차려졌던 음식으로 손님들에게 대접했다. 국수의 종류는 곡물, 전분의 재료에 따라 메밀국수, 밀국수, 녹말국수, 칡국수, 쑥국수 등이 있으며, 조리방법에 의해 차가운 육수나 동치미 국물, 열무물김치 등에 말아서 먹는 냉면, 따뜻한 국물 등에 말아먹는 온면과 채소나 양념 등으로 국물 없이 비벼 먹는 비빔국수가 있다.

4) 떡국·만두국

떡국은 설날에 먹는 절식(節食)으로 멥쌀로 흰 가래떡을 만들어 알맞은 두께로 썰어 육수에 넣어 끓여 먹는 음식이다. 만두는 조선시대 기록에 보면 주로 밀가루나 메밀가루로 반죽하여 소를 싸서 익힌 것으로 교자에 해당한다. 만두는 껍질 재료, 소의 재료, 조리법과 빚는 모양에 따라 종류가 다양하며, 만두를 빚어서 더운 장국에 넣고 끓인 만둣국과 차게 식힌 국물에 쪄낸 만두를 넣어 먹는 것은 편수라고 한다.

(2) 부식

1) 국(탕)

밥과 함께 반상차림에 함께 내는 필수 국물음식을 국, 탕 또는 갱(羹)이라고 한다. 크게 토장국, 맑은 장국, 곰국, 찬국 등으로 구분되며 육류, 채소류, 해조류, 어패류 등을 사용하여 만드는 방법이나 지역에 따라 종류는 매우 다양하다.

2) 찌개(조치)

찌개는 국물이 국보다 적은 것을 말하며, 재료에 따라 생선찌개, 두부찌개 등으로 분류하거나 조미료에 따라 된장찌개, 고추장찌개, 새우젓찌개 등으로 분류할 수 있으며 반상차림에서 빠지지 않는 필수 음식이다.

3) 전골

전골은 여러 가지 재료를 전골냄비에 색을 맞춰 담고 국물을 부어 즉석에서 끓여 먹는 음식이다. 주재료에 따라 소고기전골, 두부전골, 대합전골, 낙지전골, 각색전골, 채소전골 등으로 나뉘며 여러 가지 재료를 함께 끓이는 점이 다르다. 만국사물기원역사(萬國事物紀原歷史)에 상고시대에 진중에서는 기구가 없었으므로 진중군사들이 머리에 쓰는 쇠로 만든 전립을 벗어 음식을 끓여 먹었던 것에서 유래되었다고 설명했다.

4) 선(善)

선이란 좋은 음식이라는 뜻의 말이다. 주재료인 채소에 칼집을 내어 소고기 등의 부재료를 소로 채워 찜기에 찌거나 장국을 부어 잠깐 익혀 오색고명을 얹어 겨자초장, 초간장을 곁들인 음식이다. 어선, 두부선, 오이선, 가지선, 배추선 등이 있다.

5) 찜

찜 요리는 재료를 국물에 익히는 조리법과 증기로 찌는 방법이 있다. 어패류나 육류에 갖은 양념을 하여 물을 넣고 푹 끓여 재료의 맛이 충분히 우러나와 잘 어우러지게 끓이거나 쪄서 만든 음식이다. 갈비찜, 닭찜, 사태찜, 소꼬리찜, 달걀찜, 아귀찜, 도미찜, 전복찜, 대합찜, 대하찜 등이 있으며 오색고명으로 장식한다.

6) 신선로

궁중에서는 맛이 좋은 탕이라는 뜻으로 열구자탕(熱口子湯)이라고 했다. 가운데 화통이 있는 냄비의 뜻으로 그 안에 음식은 열구자탕, 구자라고 했으며 재료가 호화롭고 손이 많이 가는 음식으로 교자상, 주안상 차림에 올리면 가장 좋은 대접으로 생각했다.

7) 구이

인류가 불을 발견하면서 시작된 여러 가지 조리법 중에서 가장 먼저 발달하게 된 것이 구이라고 할 수 있다. 구이는 석쇠에 얹어 불에 직접 닿게 하는 직접구이와 팬을 이용하여 간접적으로 굽는 간접구이가 있다. 구이를 할 때 양념으로는 소금구이, 간장구이, 고추장구이 등이 있다.

8) 전·산적·적

전은 기름을 두르고 지지는 조리법이며 궁중에서는 전유어, 저냐, 전야 등으로 부르기도 했다. 육류, 어류, 버섯, 채소 등을 양념하여 밀가루를 묻히고 달걀물을 묻혀 기름을 두르고 지진다. 전은 반상, 주안상, 면상, 교자상에 모두 올라가는 음식이다. 적은 채소와 육류, 버섯 등을 양념하여 꼬지에 꿰어 굽거나 지진 것으로 산적, 누름적, 지짐누름적이 있다.

9) 조림·볶음·초

조림은 육류, 생선, 조개류, 뿌리채소 등을 주로 간장으로 조리는 것으로 궁중에서는 조리개라고 한다. 볶음은 주재료에 양념을 하여 뜨거운 팬에 볶는 조리법이며 주로 고추장 양념과 간장 양념으로 물기가 나오지 않도록 짧은 시간에 볶는 멸치볶음, 오징어채볶음, 건새우볶음과 국물을 자작하게 볶는 제육볶음, 오징어볶음, 낙지볶음 등이 있다. 초는 볶는다는 뜻이 있지만 우리 음식 중에 초는 홍합, 전복, 소라 등을 간장양념에 조리다가 물녹말을 넣어 농도와 윤기를 내고 양념하는 음식이다.

10) 마른찬

자반, 부각, 튀각, 포와 무침 등으로 주안상, 혼례상 등에 올라가지만 반찬으로도 먹는다. 자반은 소금에 절이거나 기름에 볶거나 간장에 졸인 것으로 간을 짭짤하게 해서 먹는 반찬으로 고등어자반, 매듭자반, 콩자반, 김자반, 미역자반 등이 있다. 부각은 주재료에 찹쌀풀을 발라 말렸다가 기름에 튀겨낸 것으로 고추, 깻잎, 감자, 김 등이 있다. 튀각은 기름에 살짝 튀긴 것으로 마른 미역이나 다시마, 파래 등이 있다.

11) 편육·족편·순대

편육은 돼지고기, 소고기를 덩어리째 삶아 익힌 다음 베보자기에 싸서 무거운 것으로 눌러 단단하게 한 후, 편으로 얇게 저며 썰어서 먹는 음식으로 수육, 숙육 이라고도 한다. 족편은 우족, 소머리, 꼬리, 가죽 등을 푹 고아 젤리처럼 굳힌 음식이며, 순대는 돼지 창자에 찹쌀밥, 당면, 선지, 양파, 부추 등을 버무린 소를 넣어 찜통에 쪄낸 음식이다.

12) 회·숙회·강회·수란

회는 육류, 생선류, 조개류의 살이나 간, 천엽 등을 날로 또는 살짝 데쳐서 숙회로 먹는 음식을 말하며, 강회는 연한 미나리나 실파에 편육, 달걀지단, 홍고추 등을 가늘게 썰어 말아 먹는 음식이다. 수란은 국자에 참기름을 골고루 바른 후 달걀을 깨어 담고 끓는 물 속에 넣어 중탕으로 반숙하여 익힌 음식이다.

13) 젓갈(식해)

젓갈은 생선, 조개, 오징어, 낙지 등의 살, 내장, 알 등을 소금에 짜게 절여 삭힌 음식으로 새우젓, 조개젓, 굴젓, 갈치속젓, 황석어젓 등이 있다. 식해는 생선을 잘라 조밥, 무, 고춧가루, 소금 등의 양념에 버무려 삭힌 것으로 가자미식해, 북어식해, 명태식해가 있다.

14) 장아찌

장과라고도 하는 장아찌는 제철에 흔한 채소나 열매, 뿌리채소 등을 간장, 된장, 고추장에 넣어 저장하여 두었다가 먹는 숙장과와 갑자기 만든 갑장과가 있다.

15) 생채, 숙채, 나물

계절마다 새로 나오는 제철 채소들을 익히지 않고 소금, 초고추장이나 초장, 겨자초장, 된장 등으로 양념하여 무친 음식을 생채라고 하며, 숙채는 채소를 데쳐내어 양념으로 무치거나 익혀내는 조리방법으로 다양한 채소를 나물로 활용할 수 있다.

16) 묵

전분질을 풀처럼 쑤어 그릇에 부어 응고시킨 것으로 메밀묵, 청포묵, 도토리묵 등이 있다.

17) 쌈

우리 민족은 예로부터 밥을 쌈에 싸서 먹는 것을 즐겨왔다. 쌈을 먹으면 복을 받게 된다고 믿었기 때문이다. 각종 채소와 생미역, 다시마 등 해조류와 김으로 밥을 싸서 먹는 것을 쌈이라 한다.

18) 김치

우리나라 고유의 발효식품으로 대표적인 음식이다. 채소를 절인다는 뜻의 침채(沈菜)에서 유래되었다. 지방 특색에 따라 재료와 계절에 따라 다양한 김치가 있으며 배추, 무, 오이 등을 소금에 절였다가 고춧가루에 마늘, 생강, 파, 젓갈 등으로 양념하여 버무려 만들어 숙성시킨 김치는 재료 자체가 갖는 영양소와 함께 발효과정에서 생성되는 유산균과 유기산, 무기질, 비타민 등 각종 영양소 및 항산화물질을 함유하고 있기 때문에 세계에서도 건강식품으로 각광받고 있다.

(3) 후식류

1) 떡

곡식을 빻아 가루를 낸 후 익히거나 쪄서 만드는 음식으로 찌는 떡, 치는 떡, 지지는 떡, 빚는 떡의 종류가 있으며 각종 의례 음식이나 절식 등에서 빠지지 않는 필수 음식으로 자리를 잡았다. 지방마다 고물의 종류나 재료, 조리방법, 지역의 특성에 따라 다양하게 발달하였다.

2) 한과, 엿

곡물가루에 여러 가지 단맛을 첨가해서 만든 한과류가 다양하게 발달하였다. 통일신라시대에 불교가 성행했던 시기부터 한과는 차와 함께 즐겼다고 볼 수 있으며 고려, 조선시대부터 궁중에서 연회음식과 함께 한과는 시대를 거쳐 오면서 점차 발달하였다.

한과류는 재료와 만드는 방법에 따라 강정, 유밀과, 다식, 정과, 숙실과, 과편, 엿강정으로 구분되며, 유밀과 강정은 민가까지도 유행했으며 통과의례 음식과 기호식품으로도 한과는 빠지지 않는 음식이 되었다.

엿은 쌀, 찹쌀, 고구마, 수수 등을 익힌 후 엿기름으로 삭힌 뒤 걸러 국물을 고아서 농축시키는 음식을 재료에 따라 쌀엿, 수수엿, 호박엿, 고구마엿 등이 있다.

3) 음청류

음청류는 술 이외 음료의 총칭으로 보통 여름에 마시는 차가운 음료를 말하며, 재료와 만드는 방법에 따라 차류, 화채, 수정과, 식혜, 미수, 갈수, 수단, 즙 등으로 구분할 수 있다.

① 차

차류는 차잎, 과육, 곡류, 열매 등을 말려 두었다가 뜨거운 물에 우려내거나 물에 끓이는 등 이용방법에 따라 다르다. 우려 마시는 차는 발효 정도에 따라서 불발효차인 녹차, 발효차는 홍차,

반발효차인 우롱차, 후발효차는 보이차가 있으며 설탕에 재웠다가 끓는 물에 타서 마시는 매실차, 모과차, 유자차, 레몬차, 생강차 등이 있다. 달여 마시는 차로는 인삼, 당귀, 구기자, 결명자, 쌍화차, 칡, 영지, 계피 등이 있다.

② 화채

조청물이나 꿀물에 과일을 띄우거나 한약재 열매를 우려낸 물로 맛을 내기도 하고 과일즙 등을 기본으로 하여 차게 만드는 것을 일컬어 화채라 한다.

③ 수정과

물에 생강, 계피를 넣고 우려낸 후 단맛을 내고 곶감이나 배등을 넣어 먹는 음청류이다.

④ 식혜

엿기름가루를 우려낸 물에 밥을 넣어 따뜻한 온도에서 삭혀 당화 시켜서 단맛을 낸 음청류이다.

⑤ 미수

여름철에 찹쌀, 보리쌀을 쪄서 볶은 후 빻아 가루로 만들어 꿀물이나 설탕물에 타서 마신다.

⑥ 즙

수분이 많은 과일이나 열매, 채소 등을 갈아서 즙으로 시원하게 먹는 것으로 배즙, 포도즙, 양파즙, 사과즙 등 다양하다.

⑦ 수단

찬물에 꿀을 타서 단맛을 내고 보리를 삶아 띄우거나 겨울철 흰떡을 작게 빚어 띄우며 건지에 따라 보리수단, 떡수단이라고 한다.

7. 한국음식의 상차림

우리나라 상차림은 한상에 여러 가지 음식을 차리는 것을 상차림이라 한다. 크게 나누어 평상시 생활에서 차려지는 일상식과 통과의례나 특별한 행사 때 차려지는 의례식 상차림으로 구분된다.

일상식의 상차림은 밥과 다양한 찬품으로 구성된 평소의 아침, 저녁의 반상과 점심이나 손님상으로 간단하게 내는 장국상, 죽상 또는 약주를 대접하기 위한 주안상, 다과상이 있다.

통과의례식의 상차림은 인간이 일생을 지내는 동안 기념할 만한 고비를 맞이하였을 때 차리는 상차림으로서 출생 때의 삼신상, 백일상, 돌상, 혼례상, 회갑 고임상, 돌아가신 조상께 차리는 제상, 차례상 등이 있다.

(1) 반상

반상은 일상식 상차림으로 가장 기본적이며 주식인 밥과 반찬을 격식을 갖추어서 차리는 상차림으로 찬의 수에 따라 반상의 첩수가 정해진다. 반찬의 수에 따라 3첩, 5첩, 7첩, 9첩으로 차려진다.

반상의 기본음식

	밥	국	김치	장류	찌개	찜	전골
3첩	1	1	1	1			
5첩	1	1	2	2	1		
7첩	1	1	2	3	1	택1	
9첩	1	1	3	3	2	1	1

첩수에 들어가는 찬품

	생채	숙채	구이	조림	전	장과	마른찬	젓갈	회	편육
3첩	택1		택1		x		택1		x	x
5첩	택1		1	1	1		택1		x	x
7첩	1	1	1	1	1		택1		택1	
9첩	1	1	1	1	1	1	1	1	택1	

(2) 죽상

초조반으로 이른 아침에 간단히 차리는 죽상으로 죽, 응이, 미음 등의 유동식이 중심이 되며, 맵지 않은 국물 김치인 동치미, 장김치, 나박김치와 북어 보푸라기, 다시마튀각, 부각, 육포, 어포 등을 함께 차린다.

(3) 장국상(면상, 떡국상, 만두상)

국수, 만두, 떡국 등으로 차리는 상차림으로 평상시 주로 점심으로 또는 잔치 때 손님에게 밥 대신 대접했던 것으로 찬품으로는 잡채, 전유어, 배추김치, 나박김치 등과 각종 떡이나 한과, 과일을 함께 차렸다.

(4) 주안상

술을 대접하기 위해 술안주가 되는 음식을 고루 차린 상을 주안상이라 한다. 술의 종류에 따라서 찌개, 전골 같은 국물이 있는 뜨거운 음식과 회, 전, 편육, 무침, 김치를 술안주로 함께 차려진다. 술을 마시고 나면 주식으로 면이나 떡국 등을 마련하고 후식으로 한과, 생과일, 음청류 등을 한 가지 준비한다.

(5) 교자상

우리의 전통 상차림은 외상차림이 기본이었지만 집안의 경사나 잔치가 있을 때 여러 사람을 함께 대접하기 위한 상차림으로 간소화시켜 차린 상차림이 교자상이다. 상의 중심에 주된 요리와 국물이 있는 음식은 1인분씩 따로 그릇에 담아내도록 하고 주식은 국수, 만두, 떡국으로 하며 여러 가지 찬품과 후식으로 다과를 준비한다.

(6) 다과상

다과상은 평상기 식사 이외의 시간에 다과만을 대접하는 경우와 주안상 또는 장국상의 후식으로 차리는 경우가 있다. 음식의 종류나 가짓수에는 계절에 어울리는 떡과 조과류, 생과류, 음청류 등으로 마련한다.

8. 한국음식의 재료

(1) 곡류

우리나라에서는 곡류 중에서 멥쌀, 찹쌀을 미곡이라 하고 보리, 밀, 귀리, 호밀을 맥이라 하며 조, 기장, 수수, 메밀, 옥수수 등을 잡곡으로 구분한다.

겨층을 제거한 정도에 따라서 백미, 9분도미, 7분도미, 현미 등으로 나눈다. 도정도가 높을수록 쌀의 색은 희며 밥을 지었을 때 부드럽지만 도정을 많이 할수록 무기질과 비타민 등의 영양 손실이 크다. 멥쌀은 아밀로오스가 찹쌀보다 많아 점성이 적으며 찹쌀은 아밀로펙틴이 많아 점성이 강하다.

보리는 겉보리와 쌀보리로 나누는데 도정을 하여도 섬유소가 많이 남아 소화가 잘 안 되는 낟알보리는 압맥 또는 할맥으로 가공해서 시판된다. 우리나라는 밀의 생산량이 적어 거의 수입밀에 의존한다. 밀의 종류는 보통 밀과 글루텐 함량이 많은 듀럼밀이 대부분이다. 글루텐의 특성을 이용하여 국수, 빵, 파스타를 만든다.

조는 차조와 메조가 있으며 차조는 주로 식용으로 쓰이며 밥이나 죽, 엿, 소주의 원료 등에 쓰이고 있다.

(2) 두류

콩의 색에 따라 백황색은 흰콩, 녹황색이나 황색, 갈황색은 누런콩, 담록색은 푸른콩 또는 청태라고 하며, 검은 콩은 흑태, 갈색은 밤콩이라고 한다. 콩은 간장, 된장, 청국장 같은 장류와 두부, 두유, 콩나물, 콩가루 등으로 가공하여 다양하게 이용된다. 콩기름을 짜고 남은 대두박은 식품가공이나 사료로 쓰인다.

팥은 잡곡밥, 떡의 소나 고물, 빵, 양갱, 팥죽, 팥빙수 등의 재료로 쓰이며 붉은 팥이 많고 크림색, 회백색, 갈색, 흑색, 담록색 등이 있다.

녹두는 주성분이 전분이며 콩과는 달리 전분 함량이 높아 당면, 청포묵을 만들고 쌀을 내어 녹두나물 또는 떡의 소나 고물, 빈대떡, 죽의 재료로 쓰인다.

(3) 채소류

채소에는 엽채류인 배추, 시금치, 부추, 미나리, 상추, 쑥갓, 깻잎, 파 등이 있다. 산채류는 주로 산과 들에 야생하는 식물로 두릅, 고사리, 고비, 죽순, 취나물, 참나물, 원추리, 냉이, 명이나물 등이 있으며, 과채류에는 오이, 호박, 가지, 토마토, 고추가 있다. 근채류는 뿌리를 식용으로 하는 채소로 무, 당근, 우엉, 연근, 생강, 토란, 양파, 마늘, 더덕, 도라지 등이 있다.

채소는 삶을 때 중조를 넣으면 초록색은 유지되나 조직이 물러지고 비타민 B1이 파괴되기 때문에 식염을 1~2%를 가하는 것이 좋다. 특히 채소를 데칠 때는 물의 양에 따라 영양손실이 차이가 있으며 물의 양이 많을수록 수용성 영양성분의 유출이 많으며 녹색 채소를 데칠 때는 뚜껑을 열고 데쳐야 채소가 갈변되지 않는다.

(4) 버섯류

버섯은 엽록소가 없어 다른 생물에 기생해야 살 수 있는 식물이다. 흔히 버섯이란 먹을 수 있는 자실체를 말하며 독버섯은 먹을 수 없거나 독성이 있는 자실체를 말한다.

종류로는 송이버섯, 표고버섯, 목이버섯, 느타리버섯, 석이버섯, 능이버섯, 새송이버섯 등이 있다. 말린 표고버섯에는 에르고스테롤이 많아 비타민 D가 많고 구아닐산인 독특한 맛과 감칠 맛 성분으로 조미료 역할을 한다.

(5) 축산물

육류는 양질의 동물성 단백질 급원식품으로 필수 아미노산이 골고루 함유하고 있으며 철분이 많다. 가축은 도살 후 근육이 단단해지는 사후강직이 일어나기 때문에 사후강직이 해제되고 숙성과정을 거치면서 점차 근육이 연화가 일어나며 근육 내 단백질 효소에 의해 결체조직이 분해되는 자기소화가 일어나면서 고기가 연해진다.

1) 소고기

소고기의 살코기와 부산물인 소머리, 꼬리, 족, 내장류 등은 부위별로 특성에 맞게 조리법이 다양하다. 소고기는 65~75%의 수분, 20%의 단백질, 1%의 무기질의 영양성분으로 양질의 단백질 식품이다. 소고기는 부위별로 육질이 다르므로 부위에 맞는 조리법을 활용해야 한다.

소의 내장 부위별 특징과 조리법

부위명칭	특징	조리법
심장(염통)	내장류 중에서 육질이 연하고 맛이 좋으며 냄새가 적다.	구이, 전골
간	육질이 매우 부드럽고 영양이 풍부하나 특유의 냄새가 난다. 신선한 것은 생으로 먹는다.	구이, 볶음, 전골
허파	씻어서 끓는 물에 삶아 얇게 썰어 전이나 탕을 끓인다.	전, 탕
우설	소의 혀로 껍질이 매우 질겨서 오래 삶아야 쉽게 벗겨지며 날로 껍질을 벗겨 얇게 썰어 구이로 먹는다.	찜, 편육, 구이
양	소의 첫 번째 위이며, 두 번째 위는 벌집양이다.	구이, 찜, 전, 곰탕
천엽	소의 세 번째 위로 신선한 것은 채 썰어 생으로 먹으며, 한 장 씩 막을 때어서 전으로 먹는다.	전골, 볶음, 전, 회
곱창	소의 소창으로 안의 내용물은 깨끗하게 씻고 겉의 기름을 제거하여 조리한다.	구이, 전골
곤자소니	소의 대창 끝부분으로 기름기가 많다.	찜, 곰탕
소머리	소의 머리 부분으로 운동향이 많아 육질이 거칠고 질기다.	곰탕, 족편
소꼬리	소의 꼬리 부분으로 지방이 많고 결합조직이 많아 곰탕으로 끓이면 진한 맛이난다.	곰탕, 찜
우족	소의 다리로 물에 넣어 오래 끓이면 콜라겐이 녹아나와 식으면 응고된다.	족탕, 족편
도가니	무릎 뼈와 연골 주변을 감싸고 있는 물렁뼈로 콜라겐이 많다.	곰탕, 찜
사골	소의 다리뼈로 콜라겐과 칼슘이 많다.	곰탕

2) 돼지고기

육질이 연한 돼지고기는 국내 육류 소비량이 가장 많은 식품이다. 돼지의 품종은 용도별로 크게 세가지로 생육형, 지방형, 가공형으로 분류한다.

생육형은 고기양이 많고 결이 고와 맛이 좋고, 지방형은 지방함량이 높으며 붉은색 근육 부위가 적고 육질이 좋다. 가공형은 베이컨, 햄 등의 가공품에 적합하도록 생산해 내며 붉은 색 근육 부위가 많고 지방 비율이 낮다.

돼지고기의 부위별 특징과 조리법

부위 명칭	특징	조리법
안심	돼지고기 중에서 지방이 가장 적은 부위이며 육질이 연하고 맛이 담백하다.	구이, 튀김
등심	지방층이 두꺼워서 제거하고 조리하지만 살코기는 연하고 맛이 좋다.	구이, 튀김
목심	등심보다 육질이 질기지만 근육 사이에 지방이 있어 삶았을 때 맛이 좋다.	조림, 편육, 구이, 찜
삼겹살	지방층과 살코기가 층을 이루고 있어 맛이 아주 좋다.	구이, 편육, 찜
갈비	갈비뼈에 붙에 있는 부위로 육질이 연하고 맛이 좋다.	구이, 찜
돼지머리	오래 무르게 삶아 뼈를 제거하고 눌러 편육을 만든다.	편육
뒷다리	지방이 적어 연하여 여러 가지 조리에 사용한다.	구이, 편육, 찜, 볶음
돼지족	결합조직이 많아서 육질이 질기지만 오래 삶으면 식감이 부드럽다.	편육, 찜
내장류	간, 허파, 대창, 혀 등 내장류는 삶아서 사용한다.	편육, 순대, 볶음 구이

3) 닭고기

닭고기는 육류 중에서 열량이 낮으며 우수한 단백질 공급원이다. 지방산 중에 리놀레산을 많이 함유하고 있다.

닭고기의 부위별 특징과 조리법

부위 명칭	특징	조리법
닭	영계는 무게가 1.3kg 이하로 4~5개월 정도를 말하며, 오래된 진계로 백숙을 하기도 한다.	백숙, 삼계탕, 찜, 구이
가슴살	육질이 연하고 지방이 적고 맛이 담백하다.	구이, 튀김, 회
안심	지방이 매우 적고 맛이 담백하다.	조림, 튀김, 찜
다리	닭고기 중 살이 가장 많으며 육질은 약간 질기나 맛이 좋다.	구이, 튀김, 찜, 조림
날개	결합조직과 지방이 많고 육질은 약간 질기나 맛이 좋다.	튀김, 찜, 조림
목	살이 거의 없으며 오래 끓여 육수로 사용한다.	육수
발	살을 바르고 남은 뼈로 오래 끓여 육수로 사용한다.	육수, 튀김, 조림
간	닭간은 담낭에 붙어있는 부분은 떼어내고 사용한다.	구이, 튀김, 볶음, 조림
모래집	위의 근육질 부분으로 매우 질기다.	구이, 튀김, 볶음, 조림

(6) 수산물

1) 어류

어류는 환경에 맞게 잘 어울리는 색깔과 모양을 갖고 있으며 몸은 유선형인 것이 보통이지만 매우 다양하며 가늘거나 매우 짧은 종류와 저서생활을 하는 것은 넓적하다. 또한, 지느러미는 정교하게 확장되어 있거나 축소되어 있고 지느러미가 없는 것도 있으며 눈, 입, 비공, 아가미 구멍 위치도 매우 다양하다.

어류의 종류는 명태, 대구, 조기, 갈치, 고등어, 꽁치, 가자미, 민어, 멸치, 병어, 복어, 참치, 홍어, 삼치, 장어, 가오리 등이 있다.

2) 연체류

오징어, 문어, 낙지는 몸에 뼈가 없어서 흐물흐물하며, 오징어는 갑오징어, 무늬오징어, 쇠오징어, 화살오징어, 창오징어, 반디오징어, 흰오징어 등의 종류가 있다.

3) 조개류

조개의 종류는 바지락, 굴, 홍합, 꼬막, 대합, 모시조개, 피조개 등과 같이 껍질이 두 개인 것과 전복처럼 한 개인 것이 있으며 소라처럼 완전히 나선형의 껍질을 가지고 있다. 조개의 종류는 수십 종이 있지만, 식용으로 가능한 것은 10여 종이 있다.

(7) 해조류

무기질이 풍부한 해초는 열량이 적어서 건강식품으로 좋은 식품 중 하나이다. 해조류는 파래, 청각과 같은 녹조류와 김, 우뭇가사리 같은 홍조류, 미역과 다시마, 톳, 모자반 등의 갈조류가 있다.

(8) 과실류

과일은 알칼리성 식품으로 수분이 80% 이상이며, 당분과 유기산을 함유하고 무기질, 비타민이 풍부하다. 과일은 꽃턱이 발달하여 과육부를 형성한 것으로 꼭지와 배꼽이 서로 반대 편에 있는 사과, 배, 귤, 감 등과 같은 인과류가 있고, 내과피가 단단한 핵을 이루고 그 속에 씨가 들어 있으며, 중과피가 과육을 이루고 있는 것으로 씨방이 성장 발달해서 결실하는 복숭아, 매실, 살구 등은 핵과류이다. 장과류는 꽃턱이 두꺼운 주머니 모양이며 육질이 부드러우며 즙이 많고 과피와 내과피로 구성된 무화과, 포도, 딸기, 파인애플, 바나나 등과 외피가 단단하고 식용 부위는 곡류나 두류처럼 떡잎으로 된 밤, 잣, 은행, 호두 등이 있다.

9. 한국음식의 양념과 고명

(1) 양념

양념은 음식을 만들 때 식품이 지닌 고유한 맛을 살리면서 특유한 맛을 내기 위해 여러 가지 재료를 분량에 맞게 조절하여 사용하는데 이러한 것들을 양념이라 한다.

양념을 한문으로 약념(藥念)으로 표기하는데 '먹어서 몸에 약처럼 이롭기를 염두에 둔다'라는 뜻이 있다. 양념은 조미료와 향신료로 나눈다.

1) 조미료

기본 맛인 짠맛, 단맛, 신맛, 쓴맛, 매운맛을 내는 것으로 소금, 간장, 고추장, 식초, 설탕, 조청, 엿, 꿀 등이 있다.

2) 향신료

향신료 자체에 좋은 향이 있거나 쓴맛, 매운맛, 고소한 맛 등을 지니며, 식품 자체가 지닌 냄새를 없애거나 감소시키고 독특한 향기로 음식 맛을 좋게 한다. 계피, 생강, 겨자, 후추, 마늘, 파, 천초, 참기름, 깨소금 등이 있다.

(2) 고명

한국음식에서 고명의 역할은 '음식을 아름답게 꾸며서 먹고 싶은 마음이 일어나도록 하는 것' 으로 모양과 색을 장식하는 재료를 말하며 고명은 '웃기', '꾸미' 라고도 한다.

한국음식의 색깔은 오행설(五行說)에 바탕을 두어 흰색, 붉은색, 검은색, 노란색, 녹색의 다섯가지 색이 기본이 된다.

멋을 내는 고명은 달걀지단, 미나리초대, 고기완자, 실고추, 고기고명, 표고버섯, 실파, 미나리, 석이버섯, 통깨, 잣, 대추, 은행, 호두, 밤 등이 있다.

10. 계량 및 온도계산법

식품 계량이란 식품을 조리하기 전에 기구를 이용해서 양을 재는 일을 말한다. 식품의 계량에 따라 음식을 준비하는 과정과 결과물의 맛이 달라질 수 있으므로 정확한 계량 도구를 사용하여 올바른 계량방법으로 측정해야 한다. 고체로 된 것은 무게로 측정하고 액체나 가루로 된 것은 부피로 측정한다.

(1) 계량 도구

계량 도구로는 자동저울, 계량컵, 계량스푼이 있다.

(2) 계량방법

자동저울은 전원을 켠 후 0점에 맞추고 원하는 재료의 무게를 측정하고, 계량컵이나 계량스푼을 사용할 때에는 원하는 재료를 빈 곳 없이 채운 후 깍아서 측정한다.

(3) 계량 단위

    1 Cup = 1C = 200mL (200cc)

    1 Tablespoon = 1Ts = 15g (15cc)

    1 teaspoon = 1ts = 5g (5cc)

(4) 온도계산법

온도의 단위는 섭씨온도(Celsius)인 ℃와 화씨온도(Fahrenheit)인 ℉ 두 가지가 있다. 우리나라는 섭씨온도를 사용하는 반면에 미국에서는 화씨온도를 사용한다.

끓는 점 섭씨 100℃는 화씨 212℉이며, 어는 점 0℃는 화씨 32℉이다.

• 화씨 → 섭씨로 고치는 공식

$$(℉ - 32) \times 5 \div 9 = ℃$$

예 $(212℉ - 32) \times 5 \div 9 = 100℃$

• 섭씨 → 화씨로 고치는 공식

$$℃ \times 9 \div 5 + 32 = ℉$$

예 $0℃ \times 9 \div 5 + 32 = 32℉$

11. 상용 식품 재료의 중량

(1) 조미식품의 중량표

(단위 : g)

식품명	1 컵	1 큰술	1 작은술
물	200	15.0	5.0
된장	220	17.0	5.0
고추장	240	18.0	6.0
간장	230	17.0	5.7
식초, 술	200	15.0	5.0
굵은 소금	160	13.0	4.5
꽃소금	156	12.0	4.0
설탕	160	12.0	4.0
물엿, 조청, 꿀	290	18.0	6.0
참기름	170	13.0	4.0

식물성 기름	170	13.0	4.0
새우젓	240	18.0	6.0
멸치액젓	240	18.0	6.0
다진 마늘, 파, 생강	120	9.0	3.0
고추, 계피, 겨자가루	80	6.0	2.0
화학조미료	140	10.5	3.5
후춧가루	120	9.0	3.0
통깨	90	7.0	2.0
깨소금	80	6.0	2.0
녹말가루	110	8.0	3.0
밀가루	105	8.0	3.0

(2) 식품의 중량

1) 곡류

식품명	계량 (컵)	중량 (g)
쌀(백미)	1	160
현미	1	160
찹쌀	1	160
보리쌀	1	180
압맥	1	110
참깨	1	120
들깨	1	110
흑임자	1	110
옥수수	1	155
대두	1	160
녹두	1	170
팥	1	165
강낭콩	1	160
밀	1	160
수수	1	180
메조	1	165
차조	1	160
기장쌀	1	160

2) 분말(가루)

식품명	계량 (컵)	중량 (g)
쌀가루	1	100
밀가루 (강력, 중력)	1	105
밀가루 (박력)	1	100
차수수가루	1	90
콩가루 (생)	1	98
콩가루 (볶)	1	85
메줏가루	1	80
팥가루	1	125
거피 팥고물	1	114
거피 팥고물 (볶)	1	108
도토리 분말	1	130
잣가루	1	90
엿기름	1	115

3) 채소류

식품명	계량 (컵)	중량 (g)
무	1포기	1,000
배추	1개	2,000
고구마 (중)	1개	200~240
감자 (중)	1개	150
당근	1개	200
연근 (중)	1뿌리	300
토란	1개	45
우엉	1뿌리	400
양상추	1포기	400
양배추	1포기	800
오이	1개	200
애호박	1개	300
양파	1개	200
가지	1개	150
풋고추	1개	15
죽순 (삶음)	1개	200
쑥갓	1단	230
시금치	1단	250
상추	1단	300
마늘	1통	30

생강	1쪽	20
대파	1뿌리	80
실파	1뿌리	20
부추	1단	250
콩나물	1봉	300
고사리	1컵	200
달래	1단	80
표고버섯 (생)	5개	850~890
두릅	10개	120~130
홍고추	1개	20
미나리	1단	250
숙주나물	1봉	300

4) 과실류

식품명	계량 (컵)	중량 (g)
배	1개	400
사과	1개	250
감	1개	200
참외	1개	300
자두	1개	40
귤	1개	100
수박	1통	2,500
키위	1개	110
바나나	1개	140
앵두	1컵	150
레몬	1개	150
복숭아	1개	150
딸기	1개	20
유자	1개	110

5) 육류, 가금류

식품명	계량 (컵)	중량 (g)
간 소고기	1컵	200
간 돼지고기	1컵	200
닭	1마리	1,200
꿩	1마리	1,000

6) 어패류

식품명	계량 (컵)	중량 (g)
오징어	1마리	500
낙지	1마리	200
쭈꾸미	1마리	50
갑오징어	1마리	500
고등어	1마리	600
갈치	1마리	600
조기	1마리	400
전복	1마리	200
조갯살	1컵	200
대하	1마리	100
전갱어	1마리	300
꽁치	1마리	100
대구 (대)	1마리	2,000
동태	1마리	600
도미	1마리	1,000
삼치 (대)	1마리	500
꽃게	1마리	300
해삼	1마리	100
새우살	1컵	120
마른 멸치	1컵	50

7) 견과류

식품명	계량 (컵)	중량 (g)
밤(껍질 제거)	1컵	100
대추	1컵	70
호두	1컵	70
잣	1컵	140
구기자	1컵	70
오미자	1컵	100
은행	1컵	160

8) 기타

식품명	계량 (컵)	중량 (g)
달걀	1개	55
메추리알	1개	15
불린 미역	1컵	150
김	10장	10
두부 (대)	1모	250

🔖 수험자 유의사항

① 만드는 순서에 유의하며, 위생과 숙련된 기능평가를 위하여 조리작업 시 맛을 보지 않습니다.

② 지정된 수험자 지참 준비물 이외의 조리기구나 재료를 시험장 내에 지참할 수 없습니다.

③ 지급재료는 시험 전 확인하여 이상이 있을 경우 시험위원으로부터 조치를 받고 시험 중에는
재료의 교환 및 추가지급은 하지 않습니다.

④ 요구사항의 규격은 '정도'의 의미를 포함하며, 지급된 재료의 크기에 따라 가감하여 채점합니다.

⑤ 위생복, 위생모, 앞치마를 착용하여야 하며, 시험장비·조리도구 취급 등 안전에 유의합니다.

⑥ 다음 사항에 대해서는 채점대상에서 제외하니 특히 유의하시기 바랍니다.

(가) 기권

- 수험자 본인이 시험 도중 시험에 대한 포기 의사를 표현하는 경우

(나) 실격

- 가스레인지 화구 2개 이상(2개 포함) 사용한 경우
- 불을 사용하여 만든 조리작품이 작품 특성에 벗어나는 정도로 타거나 익지 않은 경우
- 위생복·위생모·앞치마를 착용하지 않은 경우
- 시험 중 시설·장비(칼, 가스레인지 등) 사용 시 감독위원 및 타수험자의 시험 진행에
  위협이 될 것으로 심사위원 전원이 합의하여 판단한 경우
- 미완성
  - 시험시간 내에 과제 두 가지를 제출하지 못한 경우
  - 문제의 요구사항대로 과제의 수량이 만들어지지 않은 경우
- 오작
  - 구이를 조림 등으로 조리하여 완성품을 요구사항과 다르게 만든 경우
  - 해당과제의 지급재료 이외의 재료를 사용하거나 석쇠 등 요구사항의 조리도구를
    사용하지 않은 경우
- 요구사항에 표시된 실격, 미완성, 오작에 해당하는 경우

⑦ 항목별 배점은 위생상태 및 안전관리 5점, 조리기술 30점, 작품평가 15점입니다.

⑧ 시험 시 전 가벼운 몸풀기(스트레칭) 동작으로 긴장을 풀고 시험을 시작합니다.

31가지 실기 공개과제

재료 썰기

콩나물밥 / 비빔밥 / 장국죽

완자탕 / 두부젓국찌개 / 생선찌개

생선전 / 육원전 / 표고버섯전 / 풋고추전 / 섭산적 / 화양적 / 지짐누름적

무생채 / 도라지생채 / 더덕생채 / 겨자냉채

잡채 / 탕평채 / 칠절판

육회 / 미나리강회

두부조림 / 홍합초

너비아니구이 / 제육구이 / 북어구이 / 더덕구이 / 생선양념구이

오징어볶음

재료 썰기

조리 조작에서 썰기는 식품이 가지고 있는 맛과 향을 살리면서 조리하기 쉽게 할 뿐만 아니라
먹기 좋고 소화도 잘 되도록 하기 위한 조작이라 할 수 있다. 썰기는 식품의 종류 및 용도,
칼의 사용 부분과 써는 동작 등에 따라서 다양한 모양과 크기로 썰 수 있다.

25분
시험시간

 **요구사항**

가. 무, 오이, 당근, 달걀지단 썰기를 하여 전량 제출하시오(단, 재료를 써는 방법이 다를 경우 실격 처리).

나. 무는 채 썰기, 오이는 돌려 깎기 하여 채 썰기, 당근은 골패썰기를 하시오.

다. 달걀은 흰자와 노른자를 분리하여 알끈과 거품을 제거하고 지단을 부쳐 완자(마름모꼴) 모양으로 각 10개를 썰고, 나머지는 채 썰기를 하시오.

라. 재료 썰기의 크기는 다음과 같다.

- 채 썰기: 0.2 × 0.2 × 5㎝
- 골패 썰기: 0.2 × 1.5 × 5㎝
- 마름모형 썰기: 한 면의 길이가 1.5㎝

● ● ● **지급재료목록** ● ● ●

- 무 100g
- 오이(길이 25㎝ 정도) **1/2개**
- 당근(길이 6㎝ 정도) **1토막**
- 달걀 **3개**
- 식용유 **20㎖**
- 소금 **10g**

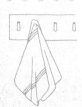

누구도 알려주지 않는
한끗 **Tip**

♕ 오이는 두꺼우면 돌려 깎기 할 때 끊어지기 쉽다. 0.2㎝ 두께로 한다.

♕ 당근은 길이 5㎝, 폭 1.5㎝로 썬 후 0.2㎝ 두께로 일정하게 썰어야 균일하게 썰 수 있다.

♕ 달걀을 분리해서 소금을 넣고 푼 다음 체에 내려서 잠시 두었다 사용하면 표면과 색이 곱다.

감독자의 체크
Point

📖✔ 채소 크기는 균일하게 썬다.

📖✔ 지단을 부칠 때 후라이팬 온도, 기름양에 유의한다.

1 재료 준비하기

- **오이**

  오이는 소금으로 비벼 씻어 가시를 제거
  한다.

- **무, 당근**

  무, 당근은 씻어 껍질을 제거한다.

- **달걀**

  달걀은 흰자, 노른자를 분리하여 그릇에 담
  고 소금을 약간 넣어 잘 풀어 체에 내린다.

2 지단 만들기

팬에 기름을 두르고 키친타
올을 이용해 코팅한 후 황·백 지단을 부친다.
폭 1.5㎝로 썬 후 한 면이 1.5㎝가 되도록 마름
모꼴 모양으로 각각 10개씩 썬다. 남은 지단으
로 0.2×0.2×5㎝가 되도록 각각 채 썬다.

3 채소 썰기 무는 두께 0.2×0.2×5cm 길이로 채 썬다. 오이는 돌려 깎기하여 두께 0.2×0.2×5 cm 길이로 채 썬다. 당근은 두께 0.2×1.5×5cm 로 골패 썰기 한다.

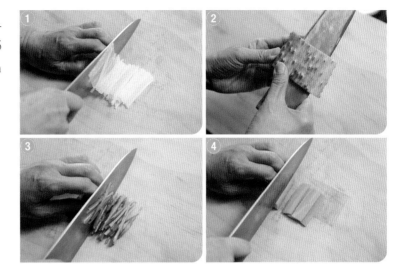

4 완성하기 완성 접시에 썰어놓은 무채, 오 이채, 골패 썰기한 당근, 마름모꼴과 채 썬 황· 백 지단을 가지런히 담는다.

콩나물밥

'콩나물죽을 1년 먹으면 1년 양식이 밀린다.'라는 속담이 있듯이 콩에서 싹이 나서 콩나물이 되면 비타민 C가 많이 생성된다. 태조가 나라를 세울 때 전쟁이 잦아 군사들이 식량부족으로 굶주리며 허덕일 때 콩을 냇물에 담가두었다가 군사들에게 배불리 먹게 해주었다고 한다. 이처럼 콩나물은 영양적으로도 우수하며 소고기를 넣고 밥을 지어 양념장에 비벼 먹으면 별미 음식이 된다.

30분 시험시간

요구사항

가. 콩나물은 꼬리를 다듬고 소고기는 채 썰어 간장양념을 하시오.

나. 밥을 지어 전량 제출하시오.

지급재료목록

- 쌀(30분 정도 불린 쌀) **150g**
- 콩나물 **60g**
- 소고기(살코기) **30g**
- 대파(흰 부분 4cm 정도) **1/2토막**
- 마늘(중, 깐 것) **1쪽**
- 진간장 **5㎖**
- 참기름 **5㎖**

누구도 알려주지 않는
한끗 Tip

☞ 콩나물에서 수분이 나오므로 밥물을 줄여야 밥이 질지 않다.

☞ 양념한 소고기는 콩나물 위에 올려 밥물에 잠기지 않게 해야 밥 색이 하얗게 된다.

☞ 밥물이 넘치지 않도록 불조절을 하고 중간에 뚜껑을 열지 않아야 콩 비린내가 나지 않는다.

☞ 밥이 눋지 않도록 약한 불로 뜸을 들인다.

감독자의 체크
Point

☑ 완성된 밥이 질지 않아야 한다.

☑ 완성된 밥의 양에 유의한다.

1 재료 준비하기

- **콩나물**

  콩나물은 콩 껍질과 뿌리 부분을 제거하여 씻는다.

- **파, 마늘**

  파와 마늘은 곱게 다진다.

- **소고기**

  소고기는 기름을 제거하고 곱게 채 썬다.

2 소고기 양념하기   다진 파, 다진 마늘, 간장, 참기름을 혼합하여 양념장을 만들어 소고기를 양념한다.

3 밥 짓기　불린 쌀을 냄비에 담아 밥물을 붓고 콩나물을 얹은 후 그 위에 양념한 고기를 가닥가닥 올리고 뚜껑을 덮어 밥을 짓는다. 밥물이 넘치지 않도록 주의하면서 끓으면 불을 줄여 뜸을 들인다. (중간에 냄비뚜껑을 열면 콩나물 비린내가 난다.)

4 완성하기　나무 주걱으로 골고루 섞어 완성 그릇에 보기 좋게 담는다.

1	**2**	**3**	**4**
재료 준비하기	소고기 양념하기	밥 짓기	완성하기

비빔밥

밥과 여러 가지 제철 나물, 소고기볶음을 색 맞추어 옆옆이 담아 고추장과 함께 비벼 먹는다.
영양소 배합이 우수하며 맛도 좋아 외국인도 즐겨 먹는 음식으로 골동반이라고도 한다.

50분 시험시간

 **요구사항**

가. 채소, 소고기, 황·백 지단의 크기는 0.3×0.3 ×5㎝로 써시오.

나. 호박은 돌려깎기하여 0.3×0.3×5㎝로 써 시오.

다. 청포묵의 크기는 0.5×0.5×5㎝로 써시오.

라. 소고기는 고추장 볶음과 고명에 사용하시오.

마. 밥을 담고 위에 준비된 재료들을 색 맞추어 돌려 담으시오.

바. 볶은 고추장은 완성된 밥 위에 얹어 내시오.

지급재료목록

- 쌀(30분 정도 불린쌀) **150g**
- 애호박(중, 길이 6㎝) **60g**
- 도라지(찢은 것) **20g**
- 고사리(불린 것) **30g**
- 청포묵(중 6㎝) **40g**
- 소고기(살코기) **30g**
- 건다시마(5×5㎝) **1장**
- 달걀 **1개**
- 고추장 **40g**

- 식용유 **30㎖**
- 대파(흰 부분 4㎝)**1토막**
- 마늘(중, 깐 것) **2쪽**
- 진간장 **15㎖**
- 백설탕 **15g**
- 깨소금 **5g**
- 검은 후추가루 **1g**
- 참기름 **5㎖**
- 소금(정제염) **10g**

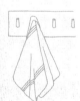

누구도 알려주지 않는
한끗 **Tip**

♧ 밥 지을 때 물과 쌀은 1:1 비율로 하고 너무 센불보다는 중간불에서 약불로 줄여야 넘치거나 타지 않는다.

♧ 다시마를 튀기는 기름 온도가 너무 높으면 쓴맛이 나기 때문에 온도 조절에 유의한다.

♧ 고추장을 볶을 때 팬 온도에 유의하고 완성된 고추장은 팬에 그대로 두면 되직하게 되니 그릇에 담아 놓는다.

♧ 그릇에 담을 때 밥이 보이도록 조화롭게 재료를 담는다.

감독자의 체크
Point

📖✓ 완성된 밥이 질지 않도록 한다.

📖✓ 재료 크기를 일정하게 한다.

📖✓ 고추장 농도에 유의한다.

1 밥 짓기   분량의 쌀로 고슬고슬하게 밥을 짓는다.

2 재료 준비하기

• 파, 마늘

파, 마늘은 곱게 다진다.

• 청포묵

청포묵은 0.5×0.5×5㎝ 크기로 썰어 끓는 물에 데쳐 수분을 제거하고 참기름, 소금으로 양념한다.

• 도라지

도라지는 0.3×0.3×5㎝ 크기로 썰어 소금으로 주물러 씻어 쓴맛과 수분을 제거한다.

- 호박, 고사리

  호박은 돌려깎기 한 후 0.3×0.3×5㎝ 크기로 썰어 소금에 살짝 절였다가 수분을 제거한다. 고사리는 뻣뻣한 줄기는 제거하고 부드러운 부분만 5㎝ 길이로 썰어 다진 파, 다진 마늘, 간장, 깨소금, 참기름으로 양념한다.

- 소고기

  소고기는 1/3(약고추장용)은 다지고, 2/3는 0.3×0.3×5㎝ 길이로 채 썬다. 다진 파, 다진 마늘, 간장, 설탕, 깨소금, 후춧가루, 참기름을 혼합하여 양념장을 만들어 소고기를 양념한다.

- 달걀

  달걀은 황·백으로 분리하여 약간의 소금을 넣고 잘 풀어 흰자의 거품을 제거하여 황·백 지단을 부친 후 채 썬다.

3 다시마 튀기기　팬에 기름을 넣고 다시마를 튀겨 낸 후, 키친타올에 올려 기름을 제거하고 잘게 부스린다. 기름은 그릇에 옮겨 담는다.

4 재료 볶기　팬에 다시마 튀긴 기름을 소량 넣어 도라지, 호박, 고사리, 고기 순서대로 볶는다.

5 약고추장 만들기　팬에 기름을 두르고 다진 소고기를 볶다가 고추장, 설탕, 물, 참기름을 넣고 되지 않게 볶아 약고추장을 만든다.

6 완성하기 완성 그릇에 밥을 담고 그 위에 준비된 각각의 재료를 색 맞춰 돌려 담고 튀긴 다시마, 약고추장을 올려 완성한다.

1	2	3	4	5	6
밥 짓기	재료 준비하기	다시마 튀기기	재료 볶기	약고추장 만들기	완성하기

장국죽

향이 독특하고 감칠맛이 있어 수험생, 노인식, 이유식, 회복기 환자에게도
영양식으로 좋은 음식이다.

30분 시험시간

요구사항

가. 불린 쌀을 반 정도로 싸라기를 만들어 죽을 쑤시오.

나. 소고기는 다지고 불린 표고버섯은 3㎝ 정도의 길이로 채 써시오.

지급재료목록

- 쌀(30분 정도 물에 불린 쌀) **100g**
- 소고기(살코기) **20g**
- 건표고버섯 **1개**
  (지름 5cm 정도, 물에 불린 것, 부서지지 않은 것)
- 대파(흰 부분 4㎝) **1토막**
- 마늘(중, 간 것) **1쪽**

- 진간장 **10㎖**
- 국간장 **10㎖**
- 깨소금 **5g**
- 검은 후춧가루 **1g**
- 참기름 **10㎖**

누구도 알려주지 않는
한끗 Tip

🍽 싸라기를 만들 때 너무 으깨지거나 통쌀이 남지 않도록 한다.

🍽 표고는 끓이면 크기가 커지므로 가늘게 채 썰도록 한다.

🍽 쌀을 넣어 볶을 때 냄비 바닥에 눌러 붙어 타지 않도록 불조절에 유의한다.

🍽 싸라기가 충분히 퍼지도록 불조절하고 잠시 뚜껑을 덮으면 빨리 퍼진다.

감독자의 체크
Point

📖 완성된 죽의 퍼짐상태에 유의한다.

📖 완성된 죽의 농도에 유의한다.

📖 완성된 죽의 색에 유의한다.

1 재료 준비하기

- **쌀**

  쌀은 체에 밭쳐 물기를 제거하여 믹싱볼에 넣고 방망이로 쌀알이 반 정도 으깨지도록 빻아 준비한다.

- **파, 마늘**

  파, 마늘은 곱게 다져 진간장, 깨소금, 후춧가루, 참기름을 혼합하여 양념장을 만든다.

- **표고버섯**

  표고버섯은 수분을 제거한 후, 포를 뜨고 길이 3㎝로 채 썰어 양념장으로 양념한다.

- **소고기**

  소고기는 다진 후 양념장으로 양념한다.

2 죽 끓이기　냄비에 참기름을 두르고 소고기, 표고버섯을 넣어 볶다가 쌀을 넣고 충분히 볶는다. 투명해지면 분량의 물을 넣고 센 불에서 끓인다. 불을 줄여 은근한 불로 잘 저어가며 충분히 쌀알이 퍼지도록 끓인 후 국간장으로 간을 한다.

3 완성하기　죽의 농도가 알맞게 되면 완성그릇에 담는다.

1	2	3
재료 준비하기	죽 끓이기	완성하기

완자탕

다진 소고기와 물기를 뺀 두부를 함께 섞어서 갖은 양념으로 양념하여 완자를 빚은 후
밀가루, 달걀물을 입혀 깨끗하게 기름에 지져낸 후 소고기로 끓인 장국에 넣어 만든
맑은 탕이다. 궁중에서는 봉우리탕이라고 한다.

30분
시험시간

요구사항

가. 완자는 직경 3cm정도로 6개를 만들고, 국물의 양은 200㎖ 이상 제출하시오.

나. 달걀은 지단과 완자용으로 사용하시오.

다. 고명으로 황·백 지단(마름모꼴)을 각 2개씩 띄우시오.

지급재료목록

- 소고기(살코기) 50g
- 소고기(사태 부위) 20g
- 달걀 1개
- 대파(흰 부분 4cm) 1/2토막
- 밀가루(중력분) 10g
- 마늘(중, 깐 것) 2쪽
- 식용유 20㎖
- 소금(정제염) 10g
- 검은 후춧가루 2g
- 두부 15g
- 키친타올(소 18×20cm) 1장
- 국간장 5㎖
- 참기름 5㎖
- 깨소금 5g
- 백설탕 5g

누구도 알려주지 않는 한끗 Tip

♧ 고기와 두부는 곱게 다지고 수분이 없어야 반죽이 질지 않다.

♧ 반죽은 충분히 치대야 반죽에 끈기가 생겨 완자의 모양이 부서지지 않고 매끈하다.

♧ 완자에 밀가루를 가볍게 묻혀야 달걀물을 입혔을 때 두껍지 않다.

♧ 팬에 지질 때 기름을 약간 두르고 완자가 거의 익을 정도로 타지 않게 굴려 동그란 모양으로 익힌 다음 키친타올에 올려 기름을 빼야 국물에 기름이 뜨지 않는다.

감독자의 체크
Point

📖 완자의 크기와 개수에 유의한다.

📖 완성된 탕의 국물양과 맑기에 유의한다.

1 육수 준비하기 소고기(사태), 파, 마늘을 씻어 냄비에 물과 함께 넣고 맑게 끓인다. 면 보에 거른 후 소금, 국간장으로 간을 하여 장 국을 만든다.

2 완자 재료 준비하기

• 파, 마늘

파와 마늘은 곱게 다진다.

• 소고기, 두부

소고기(살코기)는 기름을 제거한 후 곱게 다지고, 두부는 면보에 싸서 물기를 제거하 고 으깬다.

3 완자 빚기 볼에 다진 소고기와 으깬 두부 를 넣고 다진 파, 다진 마늘, 소금, 설탕, 깨소 금, 후춧가루, 참기름을 넣고 충분히 치대어 직 경 3㎝ 크기의 완자를 6개 빚는다.

4 지단 만들기 달걀은 노른자와 흰자를 분 리하여 황·백 지단을 부쳐 마름모꼴로 썰고 나 머지는 혼합하여 달걀물을 만든다(완자용).

5 완자 익히기　밀가루에 완자를 넣어 고루 묻힌 후 체에 넣고 흔들어 여분의 밀가루를 제거한다. 달걀물에 밀가루 묻힌 완자를 넣어 옷을 입힌 후 체에 넣어 여분의 달걀물을 뺀다. 팬에 기름을 두르고 키친타올로 닦아낸 후 완자를 넣고 굴려 가며 익히고 키친타올에 옮겨 기름을 제거한다.

6 끓이기 및 완성하기　냄비에 장국을 넣고 끓으면 익혀놓은 완자를 넣고 한소끔 끓인다. 완성 그릇에 완자와 장국을 넣고 황·백 지단을 띄운다.

1	2	3	4	5	6
육수 준비하기	완자 재료 준비하기	완자 빚기	지단 만들기	완자 익히기	끓이기 및 완성하기

두부젓국찌개

두부, 생굴을 새우젓국으로 간을 하여 끓여 낸 맑은 찌개이다.
궁중에서는 찌개를 조치라고 한다.

20분 시험시간

요구사항

가. 두부는 2×3×1㎝로 써시오.

나. 붉은 고추는 0.5×3㎝, 실파 3㎝ 길이로 써시오.

다. 간은 소금과 새우젓으로 하고, 국물을 맑게 만드시오.

라. 찌개의 국물은 200㎖ 이상 제출하시오.

지급재료목록

- 두부 100g
- 생굴(껍질 벗긴 것) 30g
- 실파(1뿌리) 20g
- 홍고추(생) 1/2개
- 마늘(중, 깐 것) 1쪽
- 새우젓 10g
- 참기름 5㎖
- 소금(정제염) 5g

누구도 알려주지 않는
한끗 Tip

♔ 두부는 썰어서 찬물에 2~3번 헹구면 썰면서 나온 부스러기가 씻겨나가 찌개 국물이 깔끔하다.

♔ 두부는 오래 끓이면 힘이 없어 부스러진다.

♔ 굴은 오래 끓이면 작아지고 국물도 탁하게 된다.

감독자의 체크

☑ 찌개의 국물량과 참기름의 양을 알맞게 한다.

☑ 재료의 크기는 일정하게 한다.

☑ 완성된 찌개 국물이 맑아야 한다.

1 재료 준비하기

- 마늘, 실파, 홍고추

  마늘, 실파, 홍고추는 씻어서 마늘은 곱게 다지고, 실파는 3㎝ 길이로 썬다. 홍고추는 씨를 제거하고 0.5×3㎝ 길이로 썬다.

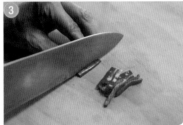

- 굴

  굴은 연한 소금물에 흔들어 씻고 체에 밭쳐 물기를 제거한다.

- 두부

  두부는 2×3㎝, 두께 1㎝로 썬다.

- 새우젓

  새우젓은 다져 소창에 넣고 국물을 짠다.

2 끓이기 　냄비에 250㎖ 정도의 물을 넣고 새우젓 국물과 소금을 넣어 간을 한다. 끓으면 두부를 넣고 한소끔 끓인다. 굴, 다진 마늘을 넣고 잠깐 끓이다가 홍고추, 실파, 참기름을 소량 넣은 후 불을 끈다.

3 완성하기 　완성 그릇에 조화롭게 담는다.

<table>
<tr><td align="center">1
재료 준비하기</td><td align="center">2
끓이기</td><td align="center">3
완성하기</td></tr>
</table>

생선찌개

생선을 토막 내고 무, 호박, 고추, 쑥갓, 파 등의 채소와
고추장, 고춧가루를 넣어 매콤하게 끓인 찌개이다.

30분 시험시간

 **요구사항**

가. 생선은 4~5㎝ 정도의 토막으로 자르시오.

나. 무, 두부는 2.5×3.5×0.8㎝로 써시오.

다. 호박은 0.5㎝ 반달형, 고추는 통 어슷썰기, 쑥
   갓과 파는 4㎝로 써시오.

라. 고추장, 고춧가루를 사용하여 만드시오.

마. 각 재료는 익는 순서에 따라 조리하고, 생선
   살이 부서지지 않도록 하시오.

바. 생선머리를 포함하여 전량 제출하시오.

지급재료목록

- 동태(300g) 1마리
- 무 60g
- 애호박 30g
- 두부 60g
- 풋고추(5㎝ 이상) 1개
- 홍고추(생) 1개
- 쑥갓 10g

- 마늘(중, 깐 것) 2쪽
- 생강 10g
- 실파(2뿌리) 40g
- 고추장 30g
- 소금(정제염) 10g
- 고춧가루 10g

누구도 알려주지 않는
한끗 **Tip**

♡ 생선은 지느러미와 비늘, 내장과 검은 막을 깨끗하게
   제거한다.

♡ 오래 끓이면 생선살이 부스러진다.

♡ 고추장을 많이 사용하면 국물이 텁텁해진다.

♡ 고춧가루를 많이 사용하면 국물이 빨갛게 나온다.

감독자의 체크
Point

◻✏ 완성된 찌개 국물의 색과 양에 유의한다.

◻✏ 재료의 크기는 일정하게 한다.

1 생선 손질하기 생선은 가위로 지느러미를 제거하고, 비늘은 칼로 긁어 제거한다. 4~5㎝ 길이로 토막 낸 후, 내장과 검은 막을 제거하고 깨끗이 씻는다.

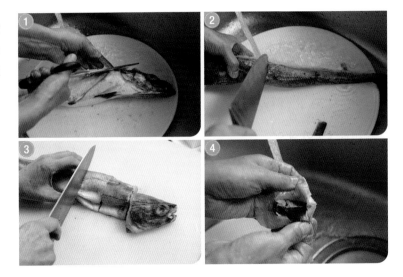

2 재료 썰기 마늘, 생강은 다지고 실파, 쑥갓은 4㎝로 썬다. 무와 두부는 2.5×3.5×0.8㎝로 썬다. 홍고추, 풋고추는 어슷썰기 하여 씨를 제거한다. 호박은 0.5㎝ 두께의 반달 모양으로 썬다.

3 끓이기 냄비에 물을 넣고 고추장을 풀어 끓으면 무를 넣는다. 무가 2/3 정도 익으면 생선을 넣고 고춧가루를 넣어 끓이고 호박, 두부, 홍고추, 풋고추, 다진 생강, 다진 마늘을 순서대로 넣어 한소끔 끓으면 소금으로 간을 한다. 생선과 국물이 잘 어우러지면 실파, 쑥갓을 넣고 불을 끈다.

4 완성하기 완성 그릇에 골고루 재료가 보이도록 조화롭게 담는다.

1	2	3	4
생선 손질하기	재료 썰기	끓이기	완성하기

생선전

전유화, 저냐라고도 하며 채소, 생선, 육류 등을 저며 소금, 후춧가루로 간을 한 후
밀가루, 달걀물을 찍워 기름에 지진 음식을 전유어라고 한다.

25분 시험시간

가. 생선전은 0.5×5×4㎝로 만드시오.

나. 달걀은 흰자, 노른자를 혼합하여 사용하시오.

다. 생선전은 8개 제출하시오.

지급재료목록

- 동태(400g) **1마리**
- 밀가루(중력분) **30g**
- 달걀 **1개**
- 소금(정제염) **10g**
- 흰 후춧가루 **2g**
- 식용유 **50㎖**

누구도 알려주지 않는
한끗 Tip

♧ 세장 뜨기를 할 때 살이 뼈에 붙어있지 않게 뜨려면 최대한 칼을 뼈에 밀착시켜야 한다.

♧ 생선살에 수분을 제거한 후 밀가루, 달걀물로 옷을 입혀야 지진 후에 옷이 벗겨지지 않고 매끄럽다.

♧ 완성 접시에 담을 때는 뼈에 닿던 부분이 위로 올라오게 담는다.

감독자의 체크
Point

☑ 세장 뜨기와 생선포 상태에 유의한다.

☑ 포 뜬 생선살의 크기와 두께에 유의한다.

☑ 완성된 전의 색과 개수, 담음 상태에 유의한다.

1 생선 손질하기　동태는 가위로 지느러미를 제거하고, 칼로 비늘을 긁어 제거한다. 내장을 깨끗하게 제거한 후 물기를 제거한다. 동태는 세장 뜨기를 한다. 동태 껍질 쪽이 도마에 닿게 놓고 꼬리 쪽부터 칼을 넣어 껍질을 당기며 좌우로 흔들어 껍질을 제거한다. 동태살은 4.5×5.5㎝ 크기의 길이로 어슷하게 포 떠서 8장을 준비한다. 소금, 흰 후추를 뿌려 간을 한다.

2 전 지지기 달걀을 풀어 달걀물을 만든다.
생선살의 물기를 제거하고 밀가루를 골고루
묻히고 달걀물을 입혀 기름을 두른 팬에 노릇
노릇 지져낸다.

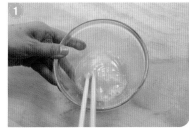

3 완성하기 완성 접시에 생선 뼈 쪽이 위로
올라오게 생선전을 담는다.

1	2	3
생선 손질하기	전 지지기	완성하기

육원전

곱게 다진 소고기나 돼지고기, 물기를 뺀 두부에 소금과 갖은 양념을 넣고 잘 치대어
동글 납작하게 동전 모양으로 만들어 밀가루, 달걀물을 씌워 기름에 지져낸 전이다.
완자전이라고도 한다.

20분 시험시간

요구사항

가. 육원전은 지름이 4㎝, 두께 0.7㎝ 정도가 되도록 하시오.

나. 달걀은 흰자, 노른자를 혼합하여 사용하시오.

다. 육원전 6개를 제출하시오.

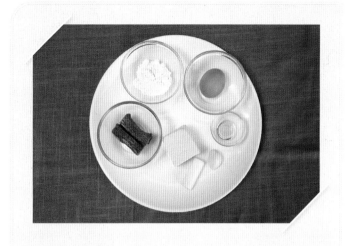

● ● ● 지급재료목록 ● ● ●

- 소고기(살코기) 70g
- 두부 30g
- 밀가루(중력분) 20g
- 대파(흰 부분 4㎝) 1토막
- 마늘(중, 깐 것) 1쪽
- 달걀 1개

- 참기름 5㎖
- 검은 후춧가루 2g
- 소금(정제염) 5g
- 식용유 30㎖
- 깨소금 5g
- 백설탕 5g

누구도 알려주지 않는
한끗 Tip

♧ 소고기와 두부는 곱게 다져서 잘 치대야 끈기 있다.

♧ 육원전을 만들 때 원하는 크기보다 약간 크게 두께는 약간 얇게 만들어야 팬에서 익혔을 때 원하는 크기가 된다.

♧ 달걀물을 만들 때 흰자의 양을 조금 줄이면 색이 더 곱다.

♧ 약한 불에서 익혀야 타지 않고 속까지 익는다.

♧ 완성된 전이 뜨거운 상태에서 겹쳐놓게 되면 전 표면이 부풀어 오른다.

감독자의 체크
Point

📖 전의 반죽 상태와 두께, 크기에 유의한다.

📖 완성된 전의 색과 개수에 유의한다.

📖 완성된 전의 익은 상태에 유의한다.

1 재료 준비하기

- **파, 마늘**

  파, 마늘은 곱게 다진다.

- **두부**

  두부는 면보에 싸서 수분을 제거하고 칼등을 이용해 곱게 으깬다.

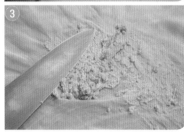

- **소고기**

  소고기는 기름을 제거하고 곱게 다진다.

- **달걀**

  달걀을 풀어 달걀물을 만든다.

2 완자 빚기 　볼에 으깬 두부와 다진 소고기를 넣고 소금, 설탕, 다진 파, 다진 마늘, 깨소금, 후춧가루, 참기름을 넣고 충분히 치댄다. 반죽을 6등분으로 나누어 직경 4.3㎝ 정도, 두께 0.5㎝ 정도로 둥글게 빚고 가운데 약간 눌러 완자를 만든다.

3 전 지지기 　빚은 완자는 밀가루, 달걀물을 묻혀 기름을 두른 팬에 앞, 뒤 노릇하게 익혀낸다.

4 완성하기 　완성 접시에 육원전을 담는다.

1	2	3	4
재료 준비하기	완자 빚기	전 지지기	완성하기

표고버섯전

표고버섯의 기둥을 떼어 물기를 제거하고 간장, 설탕, 참기름을 섞어 표고에 양념하고
고기소를 넣어 밀가루, 달걀물을 소 부분만 씌워 지진 전이다.

20분 시험시간

요구사항

가. 표고버섯과 속은 각각 양념하시오.

나. 완성된 표고전은 5개를 제출하시오.

지급재료목록

- 불린 건표고버섯(2.5~4cm) 5개
- 소고기(살코기) 30g
- 두부 15g
- 밀가루(중력분) 20g
- 달걀 1개
- 대파(흰 부분 4cm) 1토막
- 마늘(중, 깐 것) 1쪽
- 검은 후춧가루 1g
- 진간장 5㎖
- 참기름 5㎖
- 소금(정제염) 5g
- 깨소금 5g
- 식용유 20㎖
- 백설탕 5g

누구도 알려주지 않는
한끗 Tip

🧑‍🍳 소고기와 두부는 곱게 다지고 두부의 수분을 제거해야 반죽이 질지 않다.

🧑‍🍳 표고버섯의 수분을 제거하고 소를 잘 밀어 채워야 익혔을 때 분리되지 않는다.

🧑‍🍳 달걀물을 만들 때 흰자의 양을 조금 줄이면 색이 더 곱다.

감독자의 체크
Point

📖 소의 반죽 상태에 유의한다.

📖 완성된 전의 색과 개수에 유의한다.

📖 완성된 전의 익은 상태에 유의한다.

1 재료 준비하기

- **표고버섯**

  표고버섯은 물기를 짜고 기둥을 제거한 후, 간장, 설탕, 참기름으로 양념한다.

- **파, 마늘**

  파, 마늘은 곱게 다진다.

- **두부**

  두부는 면보에 싸서 수분을 제거하고 칼등을 이용해 곱게 으깬다.

- **소고기**

  소고기는 기름을 제거하고 곱게 다진다.

- **달걀**

  달걀을 풀어 달걀물을 만든다.

2 소 만들기 다진 소고기와 으깬 두부에 다진 파, 다진 마늘, 소금, 설탕, 깨소금, 후춧가루, 참기름을 넣고 끈기가 있도록 충분히 치댄다.

3 표고버섯에 소 넣기 양념한 표고버섯 안쪽에 밀가루를 묻히고 양념한 소를 꼭꼭 눌러 채운다.

4 전 지지기 표고버섯 속을 채운 쪽만 밀가루, 달걀물을 묻혀 기름을 두른 팬에 노릇하게 익힌다. 속까지 익으면 뒤집어 살짝 지진다.

5 완성하기 완성 접시에 표고버섯전을 담는다.

1	2	3	4	5
재료 준비하기	소 만들기	표고버섯에 소 넣기	전 지지기	완성하기

풋고추전

싱싱한 풋고추는 비타민 C가 풍부하다. 풋고추를 길이로 반을 갈라 씨를 털어내고
다진 소고기를 양념하여 소를 채우고 밀가루, 달걀물을 씌워 기름에 지진 전이다.

25분 시험시간

요구사항

가. 풋고추는 5㎝ 길이로, 소를 넣어 지져 내시오.

나. 풋고추는 잘라 데쳐서 사용하며, 완성된 풋고추전은 8개를 제출하시오.

지급재료목록

- 풋고추(길이 11㎝ 이상) 2개
- 소고기(살코기) 30g
- 두부 15g
- 밀가루(중력분) 15g
- 달걀 1개
- 대파(흰 부분 4㎝) 1토막
- 마늘(중, 깐 것) 1쪽
- 검은 후춧가루 1g
- 깨소금 5g
- 참기름 5㎖
- 소금(정제염) 5g
- 식용유 20㎖
- 백설탕 5g

누구도 알려주지 않는
한끗 Tip

♨ 풋고추는 끓는 물에 살짝만 데쳐내야 고추의 색이 변하지 않는다.

♨ 소고기와 두부는 곱게 다지고 두부의 수분을 제거해야 반죽이 질지 않다.

♨ 풋고추의 수분을 제거하고 잘 밀어 채워야 익혔을 때 분리되지 않는다.

♨ 소를 넣었을 때 소복이 올라오지 않게 한다.

♨ 풋고추에 밀가루와 달걀물이 묻지 않도록 한다.

감독자의 체크
Point

📋 썬 고추의 크기 및 데친 상태에 유의한다.

📋 소의 반죽 상태에 유의한다.

📋 완성된 전의 색과 개수, 익은 상태에 유의한다.

1 재료 준비하기

- **풋고추**

  풋고추는 5㎝로 썰어 길이로 반을 갈라 싸
  를 제거한다. 끓는 물에 소금을 넣고 초록색
  이 유지되도록 살짝 데쳐 찬물에 헹구고 물
  기를 제거한다.

- **파, 마늘**

  파, 마늘은 곱게 다진다.

- **두부**

  두부는 면보에 싸서 수분을 제거하고 칼등
  을 이용해 곱게 으깬다.

- **소고기, 달걀**

  소고기는 기름을 제거하고 곱게 다진다.

- **달걀**

  달걀을 풀어 달걀물을 만든다.

2 소 만들기 다진 소고기와 으깬 두부에 다진 파, 다진 마늘, 소금, 설탕, 깨소금, 후춧가루, 참기름을 넣고 끈기가 있도록 충분히 치댄다.

3 풋고추에 소 넣기 손질한 풋고추 안쪽에 밀가루를 묻히고 양념한 소를 꼭꼭 눌러 채운다.

4 전 지지기 고추 속을 채운 쪽에만 밀가루, 달걀물을 묻혀 기름을 두른 팬에 노릇하게 익혀낸다. 속까지 익으면 뒤집어 살짝 지진다.

5 완성하기 완성 접시에 풋고추전을 담는다.

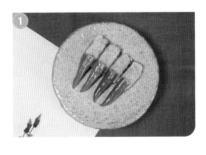

1	2	3	4	5
재료 준비하기	소 만들기	풋고추에 소 넣기	전 지지기	완성하기

섭산적

곱게 다진 소고기와 두부에 양념을 하여 치댄 다음
0.7㎝ 두께로 네모나게 반대기를 지어서 구운 적이다.

30분 시험시간

요구사항

가. 고기와 두부의 비율을 3:1 정도로 하시오.

나. 다져서 양념한 소고기는 크게 반대기를 지어 석쇠에 구우시오.

다. 완성된 섭산적은 0.7 × 2 × 2㎝로 9개 이상 제 출하시오.

지급재료목록

- 소고기(살코기) **80g**
- 두부 **30g**
- 대파(흰 부분 4cm) **1토막**
- 마늘(중, 깐 것) **1쪽**
- 소금(정제염) **5g**
- 백설탕 **10g**
- 깨소금 **5g**
- 참기름 **5㎖**
- 검은 후춧가루 **2g**
- 잣(깐 것) **10개**
- 식용유 **30㎖**

누구도 알려주지 않는
한끗 Tip

♡ 소고기와 두부는 곱게 다져 반죽을 치대야 끈기가 생겨서 부서지지 않는다.

♡ 참기름을 많이 사용하면 반죽의 끈기가 부족하여 부서지기 쉽다.

♡ 석쇠는 예열한 후 식용유를 발라 코팅을 해야 달라붙지 않는다.

♡ 섭산적이 완전히 익으면 식은 후 썰어야 부서지지 않는다.

감독자의 체크
Point

📝 반죽 상태와 익은 상태에 유의한다.

📝 완성된 섭산적의 크기와 개수에 유의한다.

1 재료 준비하기

- **잣**

  잣은 고깔을 제거하고 키친타올 위에 올려
  덮은 후 밀대로 밀어 기름을 제거하고 비벼
  서 가루를 만든다.

- **파, 마늘**

  파, 마늘은 곱게 다진다.

- **두부**

  두부는 면보에 싸서 수분을 제거하고 칼등
  을 이용해 곱게 으깬다.

- **소고기**

  소고기는 기름을 제거하고 곱게 다진다.

2 양념하기　다진 소고기와 으깬 두부에 다진 파, 다진 마늘, 소금, 설탕, 깨소금, 후춧가루, 참기름을 넣고 끈기가 있도록 충분히 치댄다.

3 모양 만들기　비닐이나 도마 위에 참기름을 약간 바른 후, 반죽을 놓고 가로, 세로 8×8cm, 두께 0.6cm 정도의 크기로 네모나게 반대기를 짓고 대각선으로 잔 칼집을 살짝 넣는다.

4 석쇠에 굽기　석쇠에 기름을 바르고 불에 올려 코팅한 후 반대기 지은 고기를 올려 타지 않게 앞, 뒤로 굽는다.

5 완성하기　고기가 익으면 식힌 뒤 도마 위에 올리고 가로, 세로 2×2cm 크기로 9조각을 썬다. 완성접시에 9조각의 섭산적을 가지런히 올리고 잣가루를 올려 완성한다.

1	2	3	4	5
재료 준비하기	양념하기	모양 만들기	석쇠에 굽기	완성하기

화양적

소고기, 도라지, 표고버섯, 오이, 당근 등을 양념하여 익힌 후 색을 맞추어 꼬치에 꿴 적이다.
화양느르미라고도 한다. 화양적은 양색화양적, 각색화양적, 낙지화양적, 양화양적, 어화양적,
동아화양적 등으로 종류가 다양하며 수라상, 반과상, 진찬상에 오르는 음식이다.

35분 시험시간

요구사항

가. 화양적은 0.6×6×6㎝로 만드시오.

나. 달걀 노른자로 지단을 만들어 사용하시오
(단, 달걀 흰자 지단을 사용하는 경우 오작으로 처리).

다. 화양적은 2꼬치를 만들고 잣가루를 고명으로 얹으시오.

지급재료목록

- **소고기**(살코기, 길이 7㎝) **50g**
- **불린 건표고버섯**(지름 5㎝ 정도) **1개**
- **당근**(곧은 것, 길이 7㎝ 정도) **50g**
- **오이**(가늘고 곧은 것, 20㎝ 정도) **1/2개**
- **통도라지**(껍질 있는 것, 20㎝ 정도) **1개**
- **산적꼬치**(길이 8~9㎝ 정도) **2개**
- **진간장 5㎖**
- **대파**(흰 부분 4㎝) **1토막**
- **마늘**(중, 깐 것) **1쪽**
- **소금**(정제염) **5g**
- **백설탕 5g**
- **깨소금 5g**
- **참기름 5㎖**
- **검은 후춧가루 2g**
- **잣**(깐 것) **10개**
- **A4 용지 1장**
- **달걀 2개**
- **식용유 30㎖**

누구도 알려주지 않는
한끗 Tip

♧ 채소의 두께와 크기를 일정하게 썬다.

♧ 채소를 데칠 때 당근이 너무 푹 익으면 꼬치를 끼울 때 부서질 수 있다.

♧ 소고기는 익으면 줄어드는 것을 생각하여 다른 재료보다 길게 썬다.

♧ 꼬치에 끼울 때 재료 순서가 일치하도록 끼우고, 끝만 잘라낸다.

감독자의 체크
Point

📖 재료의 두께와 크기에 유의한다.

📖 재료의 선명한 색에 유의한다.

📖 완성된 화양적의 개수에 유의한다.

1 재료 준비하기

- 파, 마늘

  파, 마늘은 곱게 다진다.

- 도라지, 당근

  도라지는 돌려깎기하여 껍질을 제거한 후
  길이 6cm, 폭 1cm, 두께 0.6cm가 되도록 썰고,
  당근도 같은 크기로 썰어 끓는 물에 소금을
  약간 넣고 데친다.

- 오이

  오이도 같은 크기로 썰어 소금에 살짝 절였
  다가 물기를 제거한다.

- 표고버섯

  표고버섯은 물기와 기둥을 제거하고 채소
  와 같은 크기로 썰어 양념한다.

- 소고기

  소고기는 길이 7㎝, 폭 1㎝, 두께 0.4㎝로 썰어 앞, 뒤로 자근자근 칼로 두드려 다진 파, 다진 마늘, 간장, 설탕, 깨소금, 후춧가루, 참기름으로 양념한다.

- 달걀

  달걀 노른자에 소금을 약간 넣고 푼다.

- 잣

  잣은 고깔을 제거하고 키친타올 위에 올려 덮은 후 밀대로 밀어 기름을 제거하고 비벼서 가루를 만든다.

2 재료 볶기　팬에 달걀 노른자를 넣고 두께가 0.6㎝가 되도록 황색지단을 부쳐 길이 6㎝, 폭 1㎝로 썬다. 팬에 기름을 두르고 도라지, 당근, 오이, 표고버섯, 소고기 순서대로 볶는다. (도라지, 당근은 소금을 약간 넣어 볶는다.)

3 꼬치 끼우기   산적 꼬치에 준비된 재료를 색 맞추어 끼우고 꼬치의 양쪽 1㎝ 정도를 남기고 자른다.

4 완성하기   완성 접시에 완성된 화양적을 담고 잣가루를 정갈하게 올린다.

1	2	3	4
재료 준비하기	재료 볶기	꼬치 끼우기	완성하기

지짐누름적

소고기, 표고버섯, 당근, 도라지와 같은 채소와 소고기를 익혀 쪽파와 함께 색을 맞추어

꼬치에 끼워 밀가루, 달걀물을 씌워 기름을 두르고 지져낸 산적이다.

지짐누름적은 부침개 부치듯이 번철에 지지는 것으로 적이라고도 한다.

35분 시험시간

요구사항

가. 각 재료는 0.6×1×6㎝로 하시오

나. 누름적의 수량은 2개를 제출하고, 꼬치는 빼서
   제출하시오.

지급재료목록

- 소고기(살코기 7㎝) **50g**
- 불린 건표고버섯 **1개**
  (지름 5㎝ 정도, 부서지지 않은 것)
- 당근(길이 7㎝ 정도, 곧은 것) **50g**
- 쪽파(중) **2뿌리**
- 통도라지(껍질있는 것 20㎝) **1개**
- 밀가루(중력분) **20g**
- 달걀 **1개**
- 산적꼬치(길이 8~9㎝ 정도) **2개**

- 대파(흰 부분 4㎝) **1토막**
- 마늘(중, 깐 것) **1쪽**
- 소금(정제염) **5g**
- 백설탕 **5g**
- 깨소금 **5g**
- 참기름 **5㎖**
- 검은 후춧가루 **2g**
- 식용유 **30㎖**
- 진간장 **10㎖**

누구도 알려주지 않는
한끗 Tip

- 🧑‍🍳 채소의 두께와 크기를 일정하게 썬다.

- 🧑‍🍳 소고기는 익으면 줄어드는 것을 생각하여 다른 재료보
  다 길게 썬다.

- 🧑‍🍳 밀가루와 달걀물이 너무 많이 묻지 않도록 한다.

- 🧑‍🍳 꼬치에 끼울 때는 재료 순서가 일치하도록 끼우고, 식
  은 후 꼬치를 돌려가며 뺀다.

감독자의 체크
Point

- 📖 재료의 두께와 크기에 유의한다.
- 📖 밀가루와 달걀물이 입혀진 상태에 유의
  한다.
- 📖 완성된 지짐누름적의 색과 개수에 유의
  한다.

1 재료 준비하기

- 파, 마늘

  파, 마늘은 곱게 다진다.

- 도라지, 당근

  도라지, 당근은 손질하여 길이 6㎝, 폭 1㎝,
  두께 0.6㎝로 썬다. 끓는 물에 소금을 약간
  넣고 썰은 도라지와 당근을 데쳐 물기를 제
  거하고 소금, 참기름으로 양념한다.

- 쪽파

  쪽파는 6㎝ 길이로 썰어 소금, 참기름으로
  무친다.

- 표고버섯

  표고버섯은 물기와 기둥을 제거하고 폭 1㎝
  로 썰어 소금, 참기름으로 무친다.

- 소고기

  소고기는 길이 7㎝, 폭 1.2㎝, 두께 0.5㎝로
  썰어 앞, 뒤로 자근자근 칼로 두드려 다진
  파, 다진 마늘, 간장, 설탕, 깨소금, 후춧가
  루, 참기름으로 양념한다.

- 달걀

  달걀을 풀어 달걀물을 만든다.

2 재료 볶기　팬에 기름을 두르고 도라지, 당근, 오이, 표고버섯, 소고기 순서대로 각각 볶는다.

3 꼬치 끼우기　볶은 재료를 산적 꼬치에 색을 맞추어 끼운다.

4 지지기　끼운 꼬치는 밀가루를 묻힌 후, 달걀물에 넣었다가 기름을 두른 팬에 노릇하게 지져낸다.

5 완성하기　지짐누름적이 식으면 꼬치를 돌려가며 빼고 완성 접시에 담는다.

1	2	3	4	5
재료 준비하기	재료 볶기	꼬치 끼우기	지지기	완성하기

무생채

싱싱한 무를 채로 썰어 고춧가루로 물을 들인 다음 새콤달콤한 양념으로 무쳐
무의 아삭한 식감을 즐기는 생채는 상에 올리기 직전에 양념으로 무치는 것이 좋다.

 **요구사항**

가. 무는 0.2×0.2×6㎝ 크기로 채 써시오.

나. 생채는 고춧가루를 사용하시오.

다. 무생채는 70g 이상 제출하시오.

지급재료목록

- 무(길이 7㎝) **100g**
- 소금(정제염) **5g**
- 고춧가루 **10g**
- 백설탕 **10g**
- 식초 **5㎖**
- 대파(흰 부분 4㎝) **1토막**
- 마늘(중, 깐 것) **1쪽**
- 깨소금 **5g**
- 생강 **5g**

 누구도 알려주지 않는

한끗 **Tip**

♙ 무는 두께와 길이를 일정하게 썬다.

♙ 고춧가루가 거칠면 체에 내려 채 썬 무에 버무려 놓아야
생채색이 곱게 물든다.

♙ 양념은 준비해 놓고 제출 직전에 버무려야 물기가 생기지
않는다.

감독자의 체크
Point

📖 무채의 두께와 길이에 유의한다.

📖 무생채의 색과 양에 유의한다.

📖 무생채의 수분 정도에 유의한다.

도라지생채

생도라지를 가늘게 채로 썰어 고추장, 고춧가루 양념장에 무친 음식이다.
동의보감에 말린 도라지를 길경이라고 불리며 '성질이 차고 맛은 맵고
허파, 목, 코, 가슴의 병을 다스린다.'라고 기록되어 있다.

15분
시험시간

요구사항

가. 도라지는 0.3×0.3×6㎝로 써시오.

나. 생채는 고추장과 고춧가루 양념으로 무쳐 제출하시오.

지급재료목록

- **통도라지**(껍질 있는 것) **3개**
- **소금**(정제염) **5g**
- **고추장 20g**
- **백설탕 10g**
- **식초 15㎖**
- **대파**(흰 부분 4㎝ 정도) **1토막**
- **마늘**(중, 깐 것) **1쪽**
- **깨소금 5g**
- **고춧가루 10g**

누구도 알려주지 않는 한끗 Tip

- 도라지는 일정한 크기로 썰어 소금물에 절였다가 주물러야 쓴맛이 제거된다.

- 물에 헹군 도라지는 수분을 제거해야 양념에 버무렸을 때 수분이 나오지 않는다.

- 양념장을 조금씩 넣어 버무려야 원하는 색을 낼 수 있다.

감독자의 체크 Point

- ☑ 썬 도라지의 크기 및 소금에 절인 상태에 유의한다.
- ☑ 완성된 도라지생채의 색에 유의한다.

더덕생채

더덕 껍질을 제거하고 편으로 썰고 두드려서 가늘게 찢어 고춧가루로 새콤달콤하게
양념하여 먹는 음식이다. 한방에서는 사삼(沙蔘), 백삼이라고도 한다.

20분
시험시간

요구사항

가. 더덕은 5㎝로 썰어 두들겨 편 후 찢어서 쓴맛
    을 제거하여 사용하시오.

나. 고춧가루로 양념하고, 전량 제출하시오.

지급재료목록

- **통 더덕**(껍질 있는 것 10~15㎝) **2개**
- **대파**(흰 부분 4㎝) **1토막**
- **마늘**(중, 깐 것) **1쪽**
- **소금**(정제염) **5g**
- **고춧가루 20g**
- **백설탕 5g**
- **식초 5㎖**
- **깨소금 5g**

누구도 알려주지 않는
한끗 Tip

☞ 더덕은 깨끗이 씻은 후 껍질을 제거해야 더덕이 깨끗하다.

☞ 더덕의 수분을 충분히 제거 후 밀대로 밀어 나른하게 한
    후 찢어야 가늘고 길게 잘 찢어진다.

☞ 찢어 놓은 더덕에 양념장이 잘 배도록 손가락에 힘을 주
    어 조물조물 무치는 게 좋다.

☞ 접시에 담을 때는 살며시 부풀려 담는다.

감독자의 체크
Point

📖 더덕 생채의 수분 상태에 유의한다.

📖 완성된 더덕생채의 색에 유의한다.

1 재료 준비하기

• 더덕

깨끗하게 씻은 더덕은 뇌두부분(윗부분)을
잘라내고 위에서 부터 칼로 껍질을 돌려가
면서 제거한다. 길이 5㎝, 두께 0.3㎝의 편으
로 썰어 소금으로 절인다. 더덕이 나른하게
절여지면 물에 헹구어 물기를 제거하고 방
망이로 자근자근 두들긴 후 길게 길이로 가
늘게 찢는다.

• 파, 마늘

파, 마늘은 곱게 다진다.

2양념 만들기　다진 파, 다진 마늘, 고춧가루, 소금, 설탕, 식초, 깨소금을 넣어 양념을 만든다.

3생채 무치기　볼에 가늘게 찢은 더덕과 양념을 넣고 원하는 색이 되도록 골고루 버무린다.

4완성하기　완성 접시에 보기 좋게 담는다.

1	2	3	4
재료 준비하기	양념 만들기	생채 무치기	완성하기

겨자냉채

편육, 배, 밤, 싱싱한 채소를 함께 섞어 겨자장에 버무린 것으로 매운맛이 일품인 음식이다.

겨자는 흑겨자(동양 겨자)와 백겨자(서양 겨자)로 나누어진다.

백겨자는 연노랑색으로 매운맛이 강하다.

35분 시험시간

요구사항

가. 채소, 편육, 황·백 지단, 배는 0.3×1×4㎝로 써시오.

나. 밤은 모양대로 납작하게 써시오.

다. 겨자는 발효시켜 매운맛이 나도록 하여 간을 맞춘 후 재료를 무쳐서 담고, 잣은 고명으로 올리시오.

지급재료목록

- **양배추**(길이 5㎝) **50g**
- **오이**(가늘고 곧은 것 20㎝ 정도) **1/3개**
- **당근**(곧은 것, 길이 7㎝ 정도) **50g**
- **소고기**(살코기, 길이 5㎝ 정도) **50g**
- **밤**(생것, 껍질 깐 것) **2개**
- **달걀 1개**
- **배**(중, 길이로 등분, 50g 정도 지급) **1/8개**
- **백설탕 20g**
- **잣**(깐 것) **5개**
- **소금**(정제염) **5g**
- **식초 10㎖**
- **진간장 5㎖**
- **겨자가루 6g**
- **식용유 10㎖**

누구도 알려주지 않는 한끗 Tip

- 각각의 재료는 크기에 맞게 썰어 찬물에 담가야 싱싱하다.
- 겨자는 충분히 발효되어야 쓴맛이 없다.
- 소고기는 삶아 낸 후 뜨거울 때 모양을 잡아야 식은 후에 단단해서 썰기가 좋다.
- 채소에 수분이 많으면 겨자 소스가 잘 묻지 않는다.

감독자의 체크 Point

- 재료의 두께와 크기에 유의한다.
- 완성된 냉채의 채소와 겨자 소스의 양에 유의한다.

1 재료 준비하기

- **소고기**

  소고기는 끓는 물에 지급 받은 덩어리 그대로 넣어 삶아 뜨거울 때 면보에 싸서 꼭꼭 눌러 모양을 잡은 뒤 길이 4㎝, 폭1㎝, 두께 0.3㎝로 썬다.

- **겨자**

  겨자는 미지근한 물에 갠후, 편육 삶는 냄비 뚜껑 위에 얹어 10여분 정도 발효시켜 매운 맛의 향이 나면 소금, 설탕, 식초, 간장, 물을 넣고 잘 풀어 체에 내려 겨자즙을 만든다.

- **양배추, 당근, 오이**

  양배추, 당근, 오이는 길이 4㎝, 폭 1㎝, 두께 0.3㎝의 골패형으로 썰어 찬물에 담근다.

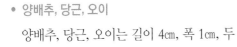 

- 밤

  밤은 모양대로 두께 0.3㎝로 편으로 썬다.

- 배

  배는 껍질과 속을 제거하고 채소와 같은 크기로 썰어 설탕물에 담근다.

2 지단 만들기　달걀은 황·백으로 나누어 지단을 약간 도톰하게 부친 후, 채소와 같은 크기로 썬다.

3 냉채 무치기　채소와 배는 물기를 제거한다. 볼에 물기를 제거한 채소와 배, 지단, 편육을 넣고 섞은 후 겨자즙을 넣고 골고루 버무린다.

4 완성하기　버무린 겨자냉채는 완성 접시에 보기 좋게 담고 고명으로 잣을 올린다.

1	2	3	4
재료 준비하기	지단 만들기	냉채 무치기	완성하기

잡채

여러 가지 채소와 고기 등의 재료를 각각 볶아 삶은 당면을 넣고 버무린 음식이다.
잡채의 '잡(雜)'은 '모으다, 섞다, 많다'라는 뜻이고, '채(菜)'는 '채소'를 뜻한다.

35분 시험시간

요구사항

가. 소고기, 양파, 오이, 당근, 도라지, 표고버섯은 0.3×0.3×6㎝ 정도로 썰어 사용하시오.

나. 숙주는 데치고 목이버섯은 찢어서 사용하시오.

다. 당면은 삶아서 유장 처리하여 볶으시오.

라. 황·백 지단은 0.2×0.2×4㎝ 크기로 썰어 고명으로 얹으시오.

지급재료목록

- 당면 **20g**
- 숙주(생것) **20g**
- 소고기(살코기, 길이 7㎝) **30g**
- 건표고(지름 5cm 정도, 물에 불린 것) **1개**
- 건목이(지름 5cm 정도, 물에 불린 것) **2개**
- 양파(중, 150g 정도) **1/3개**
- 오이(가늘고 곧은 것, 20㎝ 정도) **1/3개**
- 당근(곧은 것, 7㎝ 정도) **50g**
- 통도라지(껍질 있는 것, 20㎝ 정도) **1개**
- 백설탕 **10g**
- 대파(흰 부분 4㎝) **1토막**
- 마늘(중, 깐 것) **2쪽**
- 달걀 **1개**
- 진간장 **20㎖**
- 참기름 **5㎖**
- 식용유 **50㎖**
- 깨소금 **5g**
- 검은 후춧가루 **1g**
- 소금(정제염) **15g**

누구도 알려주지 않는
한끗 **Tip**

👨‍🍳 당면은 찬물에 담가 놓으면 삶는 시간이 단축된다.

👨‍🍳 각각의 재료 비율을 고려해서 준비한다.

👨‍🍳 당면은 삶아서 수분을 제거해야 불지 않는다.

👨‍🍳 당면 색이 너무 진하지 않도록 간장 양을 조절해야 한다.

감독자의 체크
Point

📖 채소의 크기와 볶은 상태에 유의한다.

📖 당면 삶은 정도와 색에 유의한다.

📖 각 재료의 조화로움에 유의한다.

1 재료 준비하기

- **도라지**

  도라지는 깨끗이 씻어 껍질을 제거하고, 0.3×0.3×6㎝ 길이로 채 썰어 소금에 절였다가 주물러 쓴맛을 빼고 물기를 제거한다.

- **오이**

  오이는 소금으로 비벼 씻은 후, 돌려깎이한 후, 도라지와 같은 크기로 채 썰어 소금에 절였다가 물기를 제거한다.

- **양파, 당근**

  양파, 당근도 같은 크기로 채 썰어 소금을 살짝 뿌린다.

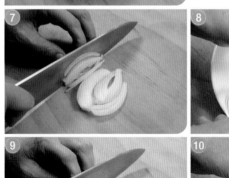

- 목이버섯, 숙주

  목이버섯은 미지근한 물에 불려 적당한 크기로 뜯는다. 숙주는 거두절미하여 끓는 물에 데쳐 소금, 참기름으로 무친다.

- 파, 마늘

  파, 마늘은 곱게 다진다.

- 달걀

  달걀은 흰자와 노른자를 분리하여 소금을 넣고 푼다.

- 소고기, 표고버섯

  소고기와 표고버섯은 채소와 같은 크기로 채 썬다.

2 소고기, 표고버섯 양념하기   다진 파, 다 진 마늘, 간장, 설탕, 깨소금, 참기름, 후춧가루 를 혼합하여 양념장을 만들어 소고기와 표고 버섯을 양념한다.

3 당면삶아 볶기   끓는 물에 당면을 삶아 찬 물에 헹구어 물기를 제거한 후, 적당한 길이 로 잘라 간장, 설탕, 참기름으로 양념하여 볶 는다.

4 지단 만들기   황·백 지단을 부친 후, 4㎝ 길 이로 채 썬다.

5 재료 볶기 팬에 기름을 두르고 양파, 도라지, 오이, 당근, 목이버섯, 표고버섯, 소고기 순서대로 볶는다.

6 완성하기 볼에 볶은 당면과 채소, 소금, 설탕, 깨소금, 참기름을 넣고 골고루 버무린다. 완성 접시에 잡채를 담고 고명으로 황·백 지단을 올린다.

탕평채

어느 한쪽의 치우침이 없이 조화와 화합을 중시하는 음식으로 대표적인 것이 바로 탕평채이다.
녹두묵에 양념하고 볶은 고기, 데친 미나리, 숙주를 초간장으로 무쳐 고명을 얹어 만든 음식이며,
이름은 탕탕평평(蕩蕩平平)이라는 말에서 유래되었다.

35분
시험시간

 **요구사항**

가. 청포묵의 크기는 0.4×0.4×6㎝로 썰어 데쳐서 사용하시오.

나. 모든 부재료의 길이는 4~5㎝로 써시오.

다. 소고기, 미나리, 거두절미한 숙주는 각각 조리하여 청포묵과 함께 초간장으로 무쳐서 담으시오.

라. 황·백 지단은 4㎝ 길이로 채 썰고, 김은 구워 부셔서 고명으로 얹으시오.

지급재료목록

- 청포묵(중, 길이 6cm) 150g
- 숙주(생것) 20g
- 소고기(살코기, 길이 5cm) 20g
- 미나리(줄기) 10g
- 달걀 1개
- 김 1/4장
- 대파(흰 부분 4cm) 1토막
- 마늘(중, 깐 것) 2쪽
- 진간장 20㎖
- 검은 후춧가루 1g
- 참기름 5㎖
- 백설탕 5g
- 깨소금 5g
- 식초 5㎖
- 소금(정제염) 5g
- 식용유 10㎖

 누구도 알려주지 않는
한끗 **Tip**

🍳 청포묵은 부드럽기 때문에 칼에 물을 묻혀 썰면 달라붙지 않는다.

🍳 청포묵은 끓는 물에 오래 데치면 끊어지므로 중앙에 줄이 생길 때 꺼낸다. 물에 헹구지 않고 그대로 식혀야 수분이 제거되어 양념이 잘 배고 식감도 좋다.

감독자의 체크
Point

📖 청포묵의 크기에 유의한다.
📖 완성된 탕평채의 색에 유의한다.

1 재료 준비하기

- **청포묵**

  청포묵은 폭 0.4×0.4㎝, 길이 6㎝로 썰어 끓는 물에 데친다. 투명해지면 건져서 물기를 제거하고 참기름, 소금으로 양념한다.

- **숙주, 미나리**

  숙주는 거두절미하고, 미나리는 다듬어 4~5㎝ 정도의 길이로 썰어 끓는 물에 약간의 소금을 넣고 각각 데친다. 찬물에 헹궈 물기를 제거한다.

- **파, 마늘**

  파, 마늘은 곱게 다진다.

- **소고기, 김**

  소고기는 0.3×0.3×5㎝로 채 썬다. 김은 살짝 구어 부스린다.

2 지단 만들기 달걀은 흰자, 노른자로 분리
하여 지단을 부치고 4㎝ 길이로 채 썬다.

3 소고기 양념하여 볶기 다진파, 다진마늘,
간장, 설탕, 깨소금, 참기름, 후춧가루를 넣어
혼합한 후, 소고기에 넣고 양념하여 볶는다.

4 초간장 만들기 간장, 식초, 설탕으로 초간
장을 만든다.

5 버무리기 준비한 채소와 소고기에 초간장
을 넣고 무친 다음 청포묵을 넣고 살살 버무
린다.

6 완성하기 완성 접시에 탕평채를 담고 김과
황·백 지단을 고명으로 올린다.

1	2	3	4	5	6
재료 준비하기	지단 만들기	소고기 양념하여 볶기	초간장 만들기	버무리기	완성하기

칠절판

칠절판은 구절판에서 유래되었는데 소고기, 당근, 오이, 석이버섯, 달걀 황·백 지단과 밀전병을
부쳐 싸서 먹는 음식으로 맛과 색이 고와서 상에 올리면 꽃이 핀 것처럼 화려하다.

40분
시험시간

가. 밀전병은 직경 8㎝가 되도록 6개를 만드시오.

나. 채소와 황·백 지단, 소고기의 크기는 0.2×
0.2×5㎝ 정도로 써시오.

다. 석이버섯은 곱게 채를 써시오.

지급재료목록

- 소고기(살코기, 길이 6㎝) **50g**
- 오이(가늘고 곧은 것, 20㎝ 정도) **1/2개**
- 당근(곧은 것, 길이 7㎝ 정도) **50g**
- 달걀 **1개**
- 석이버섯(부서지지 않은 것, 마른 것) **5g**
- 밀가루(중력분) **50g**
- 대파(흰 부분 4㎝) **1토막**
- 마늘(중, 깐 것) **2쪽**

- 진간장 **20㎖**
- 참기름 **10㎖**
- 검은 후춧가루 **1g**
- 백설탕 **10g**
- 깨소금 **5g**
- 식용유 **30㎖**
- 소금(정제염) **10g**

누구도 알려주지 않는
한끗 **Tip**

♧ 전병의 밀가루 반죽이 너무 되면 전병이 두껍게 부쳐진다.

♧ 전병을 부칠 때는 기름을 두르지 않고 지단 부칠 때처럼
팬에 기름으로 코팅만 하고 부친다.

♧ 각각의 재료는 기름을 많이 넣어 볶지 않도록 한다.

♧ 재료를 너무 많이 익히지 않도록 한다. 재료가 많이 익
으면 숨이 죽어서 담을 때 소복하게 담기 어렵다.

감독자의 체크
Point

☑ 재료의 크기와 볶은 상태에 유의한다.

☑ 밀전병의 반죽 상태, 크기 및 개수에 유의
한다.

☑ 완성된 칠절판의 조화로움에 유의한다.

1 재료 준비하기

- **오이, 당근, 달걀**

  오이는 5㎝ 길이로 썰어 돌려깎기하여 0.2×
  0.2㎝로 채 썰고, 당근도 오이와 같은 크기
  로 채 썬다. 오이와 당근 모두 소금에 살짝
  절인 후 물기를 제거한다. 달걀은 흰자와
  노른자를 분리하여 소금을 넣고 잘 풀어
  놓는다.

- **석이버섯**

  석이버섯은 미지근한 물에 불려 비벼 씻은
  후, 물기를 제거하고 곱게 채 썰어 소량의
  참기름, 소금으로 양념한다.

- **소고기**

  소고기는 채소와 같은 크기로 채썬다.

2 소고기 양념하기
파, 마늘은 곱게 다져
간장, 설탕, 깨소금, 후춧가루, 참기름을 혼합
하여 소고기에 양념한다.

3 밀전병 만들기   밀가루 5큰술, 물 6큰술, 소금을 넣고 멍울이 없도록 풀은 후 체에 내려놓는다. 팬에 기름을 조금 두르고 불은 약하게 한 후, 직경 8㎝ 크기의 밀전병을 6개 부친다.

4 지단 만들기   황·백 지단을 부친 후, 0.2× 0.2×5㎝로 채 썬다.

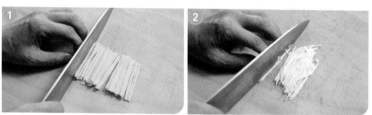

5 재료 볶기   팬에 오이, 당근, 석이버섯, 소고기 순서대로 볶는다.

6 완성하기   완성 접시 중앙에 밀전병을 놓고 색을 맞추어 보기 좋게 담는다.

1	2	3	4	5	6
재료 준비하기	소고기 양념하기	밀전병 만들기	지단 만들기	재료 볶기	완성하기

육회

육회는 불에 익히지 않기 때문에 고기의 비타민이 전혀 파괴되지 않은 자연 그대로의 상태로
섭취하는 음식이며, 육회로 사용되는 소고기는 기름이 없고 연한 살코기, 홍두깨살이 적당하고
육색이 선명하며 육질은 탄력이 있는 신선한 소고기를 사용해야 한다.

20분 시험시간

 ## 요구사항

가. 소고기는 0.3×0.3×6㎝로 썰어 소금 양념으로 하시오.

나. 마늘은 편으로 썰어 장식하고 잣가루를 고명 으로 얹으시오.

다. 소고기는 손질하여 전량 사용하시오.

지급재료목록

- 소고기(살코기) **90g**
- 배(중, 100g) **1/4개**
- 잣(깐 것) **5개**
- 소금(정제염) **5g**
- 대파(흰 부분 4㎝) **2토막**

- 마늘(중, 깐 것) **3쪽**
- 검은 후춧가루 **2g**
- 참기름 **10㎖**
- 백설탕 **30g**
- 깨소금 **5g**

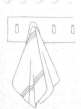 누구도 알려주지 않는
한끗 **Tip**

♡ 배는 채 썰어서 설탕물에 재워 갈변을 방지하고, 수분을 꼭 제거한다.

♡ 소고기는 채 썰어 육즙을 제거한 후에 양념에 버무려야 배 위로 육즙이 흐르지 않는다.

♡ 소고기는 완성 접시에 배를 담은 후에 고기 양념과 버무 린다.

♡ 소고기에 양념을 무칠 때 살살 무친다.

감독자의 체크
Point

📖 채 썬 소고기의 크기에 유의한다.

📖 채 썬 배의 크기와 갈변 상태, 수분에 유 의한다.

📖 소고기의 육즙 상태에 유의한다.

1 재료 준비하기

- **잣**

  잣은 고깔을 떼고 키친타올 위에 올려 기름을 빼고, 잣가루를 만든다.

- **파**

  파는 곱게 다진다.

- **마늘**

  마늘은 일부는 편으로 얇게 썰고, 나머지는 곱게 다진다.

- **배**

  배는 껍질과 속을 제거하고 길이 4cm, 폭 0.3cm, 두께 0.3cm로 채썰어 설탕물에 담근다.

- **소고기**

  소고기는 기름을 제거하고 0.3×0.3cm로 결 반대 방향으로 채 썬다.

2 양념 만들기 　다진 파, 다진 마늘, 소금, 설탕, 깨소금, 후춧가루, 참기름으로 양념을 만든다.

3 완성하기 　배는 물기를 제거하고 완성 접시에 가지런히 돌려 담는다. 채썬 소고기에 양념을 넣어 무친다. 가운데에 양념한 고기를 소복히 보기좋게 담고, 편으로 썬 마늘을 고기에 기대어 돌려 담는다. 육회 위에 잣가루를 올려 완성한다.

1	2	3
재료 준비하기	양념 만들기	완성하기

미나리강회

주안상, 교자상에 올리던 음식이며 손이 많이 가기 때문에
화려함과 정성이 돋보이는 미나리강회는 미나리를 살짝 데쳐 다른 재료와 같이 말아서
초고추장에 찍어 먹는 일종의 숙회이다.

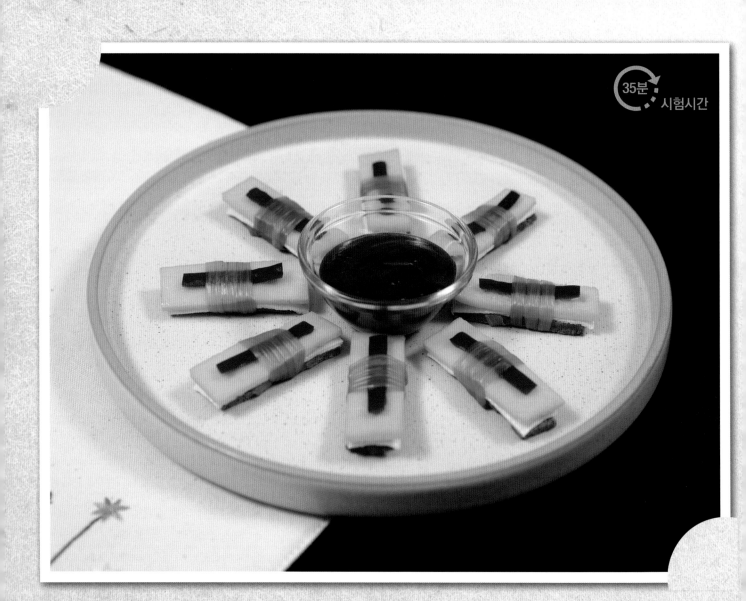

35분 시험시간

요구사항

가. 강회의 폭은 1.5㎝, 길이는 5㎝정도로 하시오.

나. 붉은 고추의 폭은 0.5㎝, 길이는 4㎝정도로 하시오.

다. 강회는 8개 만들어 초고추장과 함께 제출하시오.

지급재료목록

- 소고기(살코기, 길이 7㎝) 80g
- 미나리(줄기) 30g
- 홍고추(생) 1개
- 달걀 2개
- 고추장 15g
- 식초 5㎖
- 백설탕 5g
- 소금(정제염) 5g
- 식용유 10㎖

누구도 알려주지 않는 한끗 Tip

- 소고기는 삶아 낸 후 뜨거울 때 모양을 잡아야 식은 후에 단단해서 썰기가 좋다.
- 지단은 0.3㎝ 두께로 다른 고명 지단보다 도톰하게 부친다.
- 미나리의 굵은 줄기는 데쳐서 반으로 가른다.
- 미나리는 중앙에 1/3 정도로 말아야 예쁘다.

감독자의 체크 **Point**

- 각각 재료의 크기에 유의한다.
- 미나리 감은 상태에 유의한다.
- 미나리강회의 개수에 유의한다.

1 재료 준비하기

- **소고기**

  소고기는 끓는 물에 삶아 면보에 싸서 누르고 식으면 길이 5cm, 폭 1.5cm, 두께 0.3cm로 썬다.

- **미나리**

  미나리는 끓는 물에 소금을 넣고 데쳐 찬물에 헹구어 물기를 짠다.

- **홍고추**

  홍고추는 반으로 갈라 씨를 제거하고, 길이 4cm, 폭 0.5cm로 썬다.

2 지단 만들기 　달걀은 황·백으로 나누어 지
단을 도톰하게 부치고, 길이 4㎝, 폭 1.5㎝로
썬다.

3 초고추장 만들기 　고추장, 식초, 설탕, 물을
넣고 잘 섞어 초고추장을 만든다.

4 완성하기 　편육, 백색 지단, 황색 지단, 홍고
추의 순서대로 가지런히 잡고 데친 미나리로
중간 정도(전체 1/3정도) 돌려 감는다. 완성 접
시에 미나리강회 8개를 보기좋게 담고 초고추
장을 곁들인다.

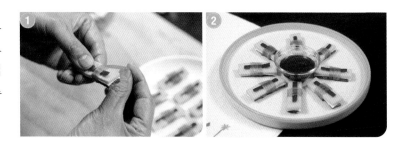

1	2	3	4
재료 준비하기	지단 만들기	초고추장 만들기	완성하기

두부조림

두부는 콩 제품 중에서 가장 대중적인 가공품으로 양질의 식물성 단백질이 풍부한 식품이며
중국의 한(漢)나라의 회남왕(淮南王) 유안이 발명한 것이 시초라 한다.

25분 시험시간

요구사항

가. 두부는 0.8×3×4.5㎝로 써시오.

나. 8쪽을 제출하고, 촉촉하게 보이도록 국물을 약간 끼얹어 내시오.

다. 실고추와 파채를 고명으로 얹으시오.

지급재료목록

- 두부 200g
- 대파(흰 부분 4㎝) 1토막
- 마늘(중, 깐 것) 1쪽
- 실고추(길이 10㎝, 1~2줄기) 1g
- 검은 후춧가루 1g
- 진간장 15㎖
- 참기름 5㎖
- 백설탕 5g
- 소금(정제염) 5g
- 식용유 30㎖
- 깨소금 5g

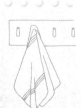

누구도 알려주지 않는
한끗 Tip

♡ 두부는 팬에 지질 때 적은 양의 기름을 사용해야 노릇노릇하게 골고루 색이 난다.

♡ 국물을 두부에 끼얹어 졸여야 골고루 색이 나며 윤기가 난다.

감독자의 체크
Point

☞ 두부의 크기와 색깔에 유의한다.
☞ 두부의 상태와 개수에 유의한다.

1 재료 준비하기

• **두부**

두부는 가로 4.5㎝, 세로 3㎝, 두께 0.8㎝로 일정하게 썰어 접시에 담고 소금을 뿌린다.

• **파, 마늘**

파는 1/3은 길이 1.5㎝ 정도로 가늘게 채 썰고, 나머지는 마늘과 같이 곱게 다진다.

2 두부 지지기

두부는 물기를 제거하고 기름 두른 팬에 앞, 뒤로 노릇노릇하게 지진다.

3 양념장 만들기

다진 파, 다진 마늘, 간장, 설탕, 깨소금, 참기름, 후춧가루를 넣고 섞어 양념장을 만든다.

4 조림하기 냄비에 노릇하게 지진 두부, 물 1/4컵, 양념장을 넣고 중간 불로 졸이면서 양념장을 골고루 끼얹는다. 어느 정도 졸여지면 불을 끄고 파채와 실고추를 가지런히 올린 후 뚜껑을 덮어 뜸 들인다.

5 완성하기 완성 접시에 두부를 살짝 겹치게 가지런히 담고 촉촉하게 국물을 끼얹는다.

1	2	3	4	5
재료 준비하기	두부 지지기	양념장 만들기	조림하기	완성하기

홍합초

홍합과의 조개이며 쐐기 모양의 삼각형에 가까운 모양으로 담채(淡菜), 담치, 해폐, 이패라고도 한다.

홍합초는 홍합, 소고기를 납작하게 썰어 양념으로 졸여 녹말물을 넣어 걸쭉하게 하고

참기름으로 윤기를 낸 후 잣가루를 뿌려서 상에 올리는 음식이다.

20분 시험시간

요구사항

가. 마늘과 생강은 편으로, 파는 2㎝로 써시오.

나. 홍합은 전량 사용하고, 촉촉하게 보이도록 국물을 끼얹어 제출하시오.

다. 잣가루를 고명으로 얹으시오.

지급재료목록

- **생홍합**(굵고 싱싱한 것, 껍질 벗긴 것) **100g**
- **대파**(흰 부분 4㎝) **1토막**
- **마늘**(중, 깐 것) **2쪽**
- **생강 15g**
- **검은 후춧가루 2g**
- **진간장 40㎖**
- **참기름 5㎖**
- **백설탕 10g**
- **잣**(깐 것) **5개**
- **A4 용지 1장**

누구도 알려주지 않는
한끗 Tip

🍳 홍합은 꼭 끓는 물에 데쳐서 사용해야 조린 국물이 탁하지 않다.

🍳 홍합은 너무 오래 졸이면 질겨진다.

🍳 국물을 홍합에 끼얹어 졸여야 골고루 색이 나며 윤기가 난다.

감독자의 체크
Point

📖 홍합의 촉촉한 상태에 유의한다.

📖 조림장 양에 유의한다.

1 재료 준비하기

- 홍합

  홍합은 족사를 제거하고 깨끗이 씻어 끓는
  물에 살짝 데쳐낸다.

- 파, 마늘, 생강

  파는 2㎝ 길이로 썰고, 마늘, 생강은 얇게
  0.2㎝ 정도로 편 썬다.

- 잣

  잣은 키친타올 위에 올려 밀대로 밀어 기름
  을 제거하고 비벼서 잣가루를 만든다.

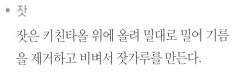

2 홍합초 만들기 냄비에 간장, 물, 설탕을 넣고 끓으면 편으로 썬 마늘, 생강을 넣어 졸이다 데친 홍합을 넣고 국물을 끼얹어가며 은근하게 졸인다. 국물이 반 정도 졸여지면 파를 넣고 졸이면서 후춧가루, 참기름을 넣고 섞는다.

3 완성하기 완성 접시에 홍합초를 담고 잣가루를 살포시 올린다.

1	2	3
재료 준비하기	홍합초 만들기	완성하기

너비아니구이

고기구이 중에서 가장 대표적인 것으로 너붓너붓 썰었다 하여 너비아니라고 한다.
고기는 안심, 등심을 사용하며 고기를 간장으로 간하여 석쇠에 굽는 음식이다.

25분
시험시간

 요구사항

가. 완성된 너비아니는 0.5×4×5㎝로 하시오.

나. 석쇠를 사용하여 굽고, 6쪽 제출하시오.

다. 잣가루를 고명으로 얹으시오.

● ● ● **지급재료목록** ● ● ●

- 소고기(안심 또는 등심, 덩어리) **100g**
- 대파(흰 부분 4㎝) **1토막**
- 마늘(중, 깐 것) **2쪽**
- 배(50g 정도) **1/8개**
- 진간장 **50㎖**
- 참기름 **10㎖**
- 검은 후춧가루 **2g**
- 백설탕 **10g**
- 깨소금 **5g**
- 식용유 **10㎖**
- 잣(깐 것) **5개**
- A4 용지 **1장**

누구도 알려주지 않는
한끗 **Tip**

👨‍🍳 파, 마늘은 곱게 다져야 깔끔해서 보기 좋다.

👨‍🍳 소고기는 육즙을 제거하고 양념을 해야 맛도 좋고 색도 곱다.

👨‍🍳 소고기는 석쇠에 오래동안 굽게 되면 단단해 진다.

감독자의 체크
Point

📖✓ 너비아니의 크기와 개수에 유의한다.

📖✓ 너비아니의 구워진 정도와 잣가루 고명에 유의한다.

1 재료 준비하기

- **배**

  배는 껍질을 제거하고 강판에 갈아 면보에 짜서 즙을 만든다.

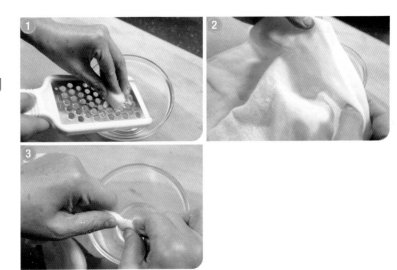

- **파, 마늘**

  파, 마늘은 곱게 다진다.

- **소고기**

  소고기는 기름을 제거하고 가로 5㎝, 세로 6㎝, 두께 0.4㎝ 정도로 썰어 칼등으로 자근자근 두들겨 부드럽게 한다.

- **잣**

  잣은 고깔을 제거하고 잣가루를 만든다.

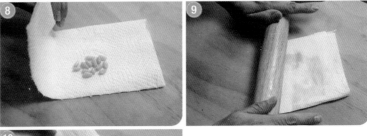

2 양념장 만들기　배즙, 다진 파, 다진 마늘, 간장, 설탕, 깨소금, 후춧가루, 참기름을 넣고 양념장을 만든다.

3 고기 재우기　손질한 소고기에 양념장을 골고루 발라 충분히 간이 배도록 재운다.

4 굽기　석쇠를 불에 올려 뜨거워지면 기름을 바르고 재운 고기를 가지런히 얹어 타지 않게 앞, 뒤로 굽는다.

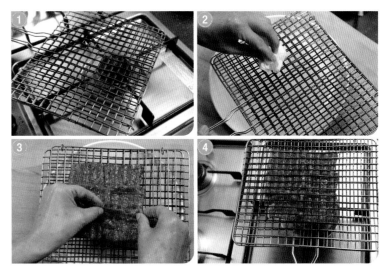

5 완성하기　완성 접시에 너비아니를 가지런 히 겹치게 담고 잣가루를 정갈하고 보기 좋게 올린다.

1	2	3	4	5
재료 준비하기	양념장 만들기	고기 재우기	굽기	완성하기

제육구이

돼지고기의 특유한 냄새를 제거하기 위해 생강즙, 파, 마늘, 청주 등으로 양념장을 하여
얇팍하게 썬 돼지고기를 재워 구운 매콤한 맛의 구이 음식이다.

30분 시험시간

요구사항

가. 완성된 제육은 0.4×4×5cm 정도로 하시오

나. 고추장 양념으로 하여 석쇠에 구우시오.

다. 제육구이는 전량 제출하시오.

지급재료목록

- 돼지고기(등심 또는 볼깃살) 150g
- 고추장 40g
- 생강 10g
- 진간장 10㎖
- 대파(흰 부분 4cm) 1토막
- 마늘(중, 깐 것) 2쪽
- 검은 후춧가루 2g
- 백설탕 15g
- 깨소금 5g
- 참기름 5㎖
- 식용유 10㎖

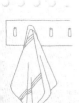

누구도 알려주지 않는
한끗 Tip

- 파, 마늘은 곱게 다져야 구이가 깔끔하여 보기 좋다.

- 고추장 양념은 묽거나 되지 않도록 한다.

- 돼지고기에 수분이 많으면 고추장이 겉돌기 때문에 수분을 제거한다.

- 양념은 2번 나누어 발라 구워야 양념이 스며들면서 색이 곱게 난다.

감독자의 체크
Point

- ☑ 제육구이의 크기, 색에 유의한다.
- ☑ 제육구이의 구워진 정도에 유의한다.

1 재료 준비하기

• **파, 마늘**

　파, 마늘은 곱게 다진다.

• **생강**

　생강은 곱게 다진 후 면보에 넣고 즙을 짜
　놓는다.

• **돼지고기**

　돼지고기는 가로 5㎝, 세로 6㎝, 두께 0.3㎝
　정도로 썬 후, 수축되지 않게 잔칼집을 넣
　는다.

2 양념장 만들기　고추장, 다진 파, 다진 마늘,
생강즙, 간장, 설탕, 깨소금, 후춧가루, 참기름
을 넣어 양념장을 만든다.

3 고기 재우기   손질한 돼지고기에 양념장을 골고루 발라 충분히 간이 배도록 재운다.

4 굽기   석쇠를 불에 올려 뜨거워지면 기름을 바르고 재운 고기를 가지런히 얹어 타지 않게 앞, 뒤로 굽는다.

5 완성하기   완성 접시에 제육구이를 가지런히 살짝 겹치게 담는다.

1	2	3	4	5
재료 준비하기	양념장 만들기	고기 재우기	굽기	완성하기

북어구이

북어포를 물에 잠깐 불려서 기름장에 재워 초벌구이하고 고추장 양념을 발라
타지 않게 굽는 음식이다. 북어는 예로부터 포(脯)라고 불러 제사상에 빠져서는 안 될 품목이었으며,
집안의 복(福)과 안녕을 비는 데 사용했다.

20분 시험시간

요구사항

가. 구워진 북어의 길이는 5㎝로 하시오.

나. 유장으로 초벌구이하고, 고추장 양념으로 석쇠에 구우시오.

다. 완성품은 3개를 제출하시오(단, 세로로 잘라 3/6토막 제출할 경우 수량부족으로 미완성 처리).

지급재료목록

- 북어포 1마리
  (반을 갈라 말린 껍질이 있는 것, 40g)
- 대파(흰 부분 4㎝) 1토막
- 마늘(중, 깐 것) 2쪽
- 진간장 20㎖
- 고추장 40g

- 백설탕 10g
- 깨소금 5g
- 참기름 15㎖
- 검은 후춧가루 2g
- 식용유 10㎖

누구도 알려주지 않는
한끗 Tip

- 북어는 물에 불린 후, 수분을 제거하고 양념장을 발라야 북어에 양념장이 잘 스며든다.

- 북어 길이는 구우면 줄어들기 때문에 조금 길게 준비한다.

- 북어 지느러미를 너무 살 가까이 자르면 분리될 수 있으니 자를 때 조심한다.

감독자의 체크
Point

- 북어구이의 양념장 농도에 유의한다.
- 북어구이의 길이와 개수에 유의한다.
- 북어구이에 양념장이 골고루 발라져 있는지 상태에 유의한다.

1 북어 손질하기   북어는 젖은 면보로 감싸
불린 후, 물기를 제거한다. 지느러미와 가시를
제거하고 6㎝ 정도로 자른다. 껍질 쪽에 대각
선으로 칼집을 넣어 오그라들지 않게 한다.

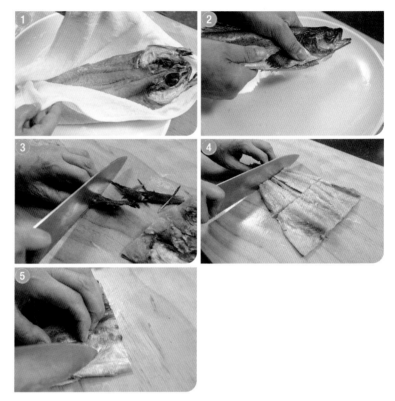

2 양념장 만들기   파와 마늘은 곱게 다져 고
추장, 간장, 설탕, 깨소금, 후춧가루, 참기름을
넣어 양념장을 만든다.

3 유장 바르기　간장, 참기름을 혼합하여 유
장을 만들어 북어의 앞, 뒤에 골고루 바른다.

4 초벌굽기　석쇠를 불에 올려 뜨거워지면 기
름을 바르고 북어를 올려 초벌구이한다.

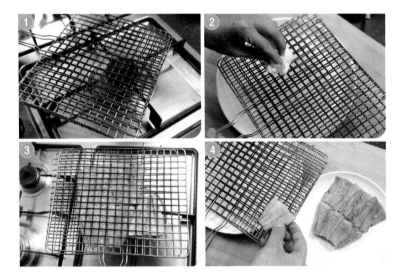

5 양념장 발라 굽기　초벌구이한 북어의 앞,
뒤에 양념장을 골고루 바른 후, 석쇠에 올려 타
지 않게 굽는다.

6 완성하기　완성 접시에 북어구이를 순서대
로 가지런히 살짝 겹치게 담는다.

1	2	3	4	5	6
북어 손질하기	양념장 만들기	유장 바르기	초벌굽기	양념장 발라 굽기	완성하기

더덕구이

더덕을 방망이로 자근자근 두드려서 넓게 편 후 기름장을 발라 석쇠에 구운 후,
고추장 양념을 덧발라 타지 않게 구운 음식이다. 산더덕은 예로부터 산삼에 버금가는
약효가 있었다고 해서 '사삼(沙蔘)'이라고 불렀다.

30분 시험시간

 요구사항

가. 더덕은 껍질을 벗겨 사용하시오.

나. 유장으로 초벌구이하고, 고추장 양념으로 석쇠
　에 구우시오.

다. 완성품은 전량 제출하시오.

지급재료목록

- 통더덕 3개
  (껍질 있는 것, 길이 10~15cm 정도)
- 대파(흰 부분 4cm) 1토막
- 마늘(중, 깐 것) 1쪽
- 진간장 10㎖
- 고추장 30g
- 백설탕 5g
- 깨소금 5g
- 참기름 10㎖
- 소금(정제염) 10g
- 식용유 10㎖

누구도 알려주지 않는
한끗 Tip

♡ 더덕은 소금에 절인 후, 수분을 제거하고 양념장을 발라야
　양념이 겉돌지 않는다.

♡ 유장을 너무 많이 바르면 양념이 잘 스며들지 않는다.

♡ 방망이로 더덕을 너무 세게 두드리면 부서질 수 있다.

감독자의 체크
Point

📖 더덕의 형태에 유의한다.

📖 더덕구이의 구워진 정도와 색에 유의한다.

1 더덕 손질하기 더덕은 깨끗이 씻어 뇌두 부분을 잘라내고 위에서부터 돌려가며 껍질을 제거한 후, 편으로 썰어 소금물에 절인다. 나른해진 더덕은 물기를 제거하고 방망이로 자근자근 두들긴다.

2 양념장 만들기 파, 마늘은 곱게 다져 고추장, 간장, 설탕, 깨소금, 참기름을 넣어 양념장을 만든다.

3 유장 바르기 간장, 참기름을 혼합하여 유장을 만들어 더덕에 골고루 바른다.

4 초벌굽기 석쇠를 불에 올려 뜨거워지면 기름을 바르고 더덕을 올려 초벌구이한다.

5 양념장 발라굽기 초벌구이한 더덕의 앞, 뒤에 양념장을 골고루 바른 후, 석쇠에 올려 타지 않게 굽는다.

6 완성하기 완성 접시에 더덕구이를 순서대로 가지런히 살짝 겹치게 담는다.

1	2	3	4	5	6
더덕 손질하기	양념장 만들기	유장 바르기	초벌굽기	양념장 발라굽기	완성하기

생선양념구이

생선을 손질하여 통째로 칼집만 넣고 유장을 발라 초벌구이를 한 후,
고추장 양념을 덧발라 타지 않게 석쇠구이한 음식이다.

30분 시험시간

요구사항

가. 생선은 머리와 꼬리를 포함하여 통째로 사용하고, 내장은 아가미 쪽으로 제거하시오.

나. 유장으로 초벌구이하고, 고추장 양념으로 석쇠에 구우시오.

다. 생선구이는 머리 왼쪽, 배 앞쪽 방향으로 담아내시오.

지급재료목록

- 조기(100~120g) **1마리**
- 대파(흰 부분 4cm) **1토막**
- 마늘(중, 깐 것) **1쪽**
- 진간장 **20㎖**
- 고추장 **40g**
- 백설탕 **5g**
- 깨소금 **5g**
- 참기름 **5㎖**
- 소금(정제염) **20g**
- 검은 후춧가루 **2g**
- 식용유 **10㎖**

누구도 알려주지 않는
한끗 Tip

- 생선 손질할 때 지느러미를 먼저 제거하고 비늘을 긁어야 남김없이 제거할 수 있다.

- 석쇠에 기름을 발라 코팅을 해야 생선 껍질이 달라 붙지 않는다.

- 유장을 발라 초벌구이를 하고 남아 있는 수분과 기름을 제거하고 양념장을 발라야 겉돌지 않는다.

감독자의 체크
Point

- 생선의 손질 상태에 유의한다.
- 생선구이의 색에 유의한다.
- 생선의 익은 정도와 접시에 담은 생선의 방향에 유의한다.

1 생선 손질하기　생선은 지느러미를 제거하고 비늘을 긁는다. 아가미에 나무젓가락을 넣어 내장을 제거한다. 손질한 생선 등쪽에 2㎝ 정도의 간격으로 3번 칼집을 넣어 소금을 뿌려 절인다.

2 양념장 만들기　파, 마늘은 곱게 다져 고추장, 간장, 설탕, 깨소금, 후춧가루, 참기름을 넣어 양념장을 만든다.

3 유장 바르기   절인 생선의 물기를 제거하고 간장, 참기름을 혼합하여 유장을 만들어 생선에 골고루 바른다.

4 초벌굽기   석쇠를 불에 올려 뜨거워지면 기름을 바르고 생선을 올려 초벌구이한다.

5 양념장 발라 굽기   초벌구이한 생선에 양념장을 앞, 뒤로 골고루 바른 후, 석쇠에 올려 타지 않게 굽는다.

6 완성하기   완성 접시에 생선 머리가 왼쪽, 배가 앞쪽으로 오도록 담는다.

1	2	3	4	5	6
생선 손질하기	양념장 만들기	유장 바르기	초벌굽기	양념장 발라굽기	완성하기

오징어볶음

오징어가 까마귀를 즐겨 먹어 물 위에 떠 있다가 날아가는 까마귀가 죽은 물고기인 줄 알고
먹으려 내려와 쪼려 하면 오징어의 열 개 다리로 까마귀를 물속으로 끌고 들어간다고
'자산어보(玆山漁譜)'에 기록되어 있다.

30분 시험시간

요구사항

가. 오징어는 0.3㎝ 폭으로 어슷하게 칼집을 넣고, 크기는 4×1.5㎝ 정도로 써시오(단, 오징어 다리는 4㎝ 길이로 자른다).

나. 고추, 파는 어슷썰기, 양파는 폭 1㎝로 써시오.

지급재료목록

- 물오징어(250g) **1마리**
- 소금(정제염) **5g**
- 대파(흰 부분 4㎝) **1토막**
- 마늘(중, 깐 것) **2쪽**
- 생강 **5g**
- 검은 후춧가루 **2g**
- 진간장 **10㎖**
- 참기름 **10㎖**
- 백설탕 **20g**
- 깨소금 **5g**
- 풋고추(5㎝ 이상) **1개**
- 홍고추(생) **1개**
- 양파(중, 150g) **1/3개**
- 고춧가루 **15g**
- 고추장 **50g**
- 식용유 **30㎖**

누구도 알려주지 않는
한끗 Tip

♡ 오징어 껍질을 제거할 때 소금으로 시작 부분을 문지르면 미끄러운 물질이 없어져 껍질 제거하기에 좋다.

♡ 오징어 몸통 안쪽에 칼집을 넣고 가로 방향으로 썰어야 볶을 때 오그라들지 않는다.

♡ 오징어 볶음을 볶을 때 기름을 많이 사용하면 완성했을 때 기름이 겉돌게 된다.

감독자의 체크
Point

📖 오징어의 손질 상태와 크기에 유의한다.
📖 채소의 크기와 볶은 상태에 유의한다.
📖 볶은 오징어의 수분과 색깔에 유의한다.

1 재료 준비하기

• **양파, 파**

　양파는 손질하여 한 장 씩 떼어 낸 후, 폭 1㎝
로 썰고, 대파는 어슷하게 썬다.

• **홍고추, 풋고추**

　홍고추와 풋고추는 어슷하게 썰어 씨를 제
거한다.

• **마늘, 생강**

　마늘과 생강은 곱게 다진다.

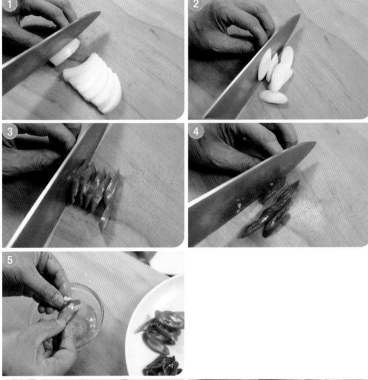

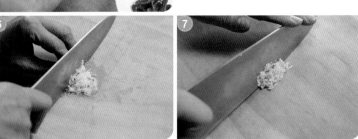

2오징어 손질하기 오징어는 먹물이 터지지 않게 배를 갈라 내장과 다리의 빨판, 껍질을 제거하고 깨끗이 씻는다. 몸통 안쪽에 0.3㎝ 폭으로 어슷하게 칼집을 넣고 폭 1.5㎝, 길이 4㎝로 썰고 다리도 4㎝ 길이로 썬다.

3 양념장 만들기 고추장, 고춧가루, 다진 마늘(2/3), 다진 생강(2/3), 간장, 설탕, 깨소금, 후춧가루, 참기름을 넣어 양념장을 만든다.

4 볶기 팬이 뜨거워지면 기름을 두르고 다진 마늘, 다진 생강, 양파를 넣고 볶다가 오징어를 넣고 볶으면서 양념장, 홍고추, 풋고추, 대파를 넣어 양념이 타지 않게 볶고 참기름을 넣어 골고루 섞는다.

5 완성하기 완성 접시에 보기 좋게 담는다.

1	2	3	4	5
재료 준비하기	오징어 손질하기	양념장 만들기	볶기	완성하기

2021
최/강/합/격

한식 실기 조리기능사
핵심 레시피

고영숙 · 김현주 지음

BM (주)도서출판 **성안당**

재료 썰기

재료목록

무 100g ▎오이(길이 25㎝ 정도) 1/2개 ▎당근(길이 6㎝ 정도) 1토막 ▎달걀 3개 ▎식용유 20㎖
▎소금 10g

작업 과정

1 재료 준비하기 오이는 소금으로 비벼 씻고 무, 당근은 씻어 껍질을 제거한다. 달걀은 흰자, 노른자를 분리하여 소금을 약간 넣어 잘 풀어 체에 내린다.

2 지단 만들기 팬을 코팅한 후 황·백 지단을 부친다. 폭과 한 면이 1.5㎝가 되도록 마름모꼴로 각각 10개씩 썰고 남은 지단으로 0.2×0.2×5㎝가 되도록 각각 채 썬다.

3 채소 썰기 무는 두께 0.2×0.2×5㎝ 길이로 채 썰고 오이는 돌려 깎기하여 두께 0.2×0.2×5㎝ 길이로 채 썬다. 당근은 두께 0.2×1.5×5㎝로 골패 썰기한다.

4 완성하기 완성 접시에 썰어놓은 무채, 오이채, 골패 썰기한 당근, 마름모꼴과 채 썬 황·백 지단을 가지런히 담는다.

체크 Point
☑ 채소 크기는 균일하게 썰기
☑ 달걀 충분히 풀어 체에 내리기

재료 썰기 **2**

콩나물밥

🍽 재료목록

쌀(30분 정도 불린 쌀) 150g │ 콩나물 60g │ 소고기(살코기) 30g │ 대파(흰 부분 4㎝) 1/2토막 │ 마늘(중, 깐 것) 1쪽 │ 진간장 5㎖ │ 참기름 5㎖

🍴 작업 과정

1 재료 준비하기 콩나물은 콩 껍질과 뿌리 부분을 제거하여 씻고 파, 마늘은 곱게 다진다. 소고기는 기름을 제거하고 곱게 채 썬다.

2 소고기 양념하기 다진 파, 다진 마늘, 간장, 설탕, 깨소금, 후춧가룸, 참기름을 혼합하여 양념장을 만들어 소고기를 양념한다.

3 밥 짓기 불린 쌀을 냄비에 담고 밥물을 붓고 콩나물을 얹고 그 위에 양념한 고기를 가닥가닥 올리고 뚜껑을 덮어 밥을 짓는다. 밥물이 넘치지 않도록 주의하며 끓으면 불을 줄여서 뜸을 들인다. 중간에 냄비뚜껑을 열면 콩나물 비린내가 난다.

4 완성하기 나무 주걱으로 골고루 섞어 완성 그릇에 보기 좋게 담는다.

체크 Point
☑ 콩나물 수분을 고려해서 밥물 조절하기
☑ 밥 뜸 들일 때 불 조절하기

비빔밥

🍴 재료목록

쌀(30분 정도 불린쌀) 150g | 애호박(중, 길이 6㎝) 60g | 도라지(찢은 것) 20g | 고사리(불린 것)
30g | 청포묵(중 6㎝) 40g | 소고기(살코기) 30g | 건다시마(5×5㎝) 1장 | 달걀 1개 | 고추장
40g | 식용유 30㎖ | 대파(흰 부분 4㎝)1토막 | 마늘(중, 깐 것) 2쪽 | 진간장 15㎖ | 백설탕
15g | 깨소금 5g | 검은 후추가루 1g | 참기름 5㎖ | 소금(정제염) 10g

🍴 작업 과정

1 밥 짓기 분량의 쌀로 고슬고슬하게 밥을 짓는다.

2 재료 준비하기 파, 마늘은 곱게 다진다. 청포묵은 0.5×0.5×5㎝ 크기로 썰어 끓는
물에 데쳐 수분을 제거하고 참기름, 소금으로 양념한다. 도라지는 0.3×0.3×5㎝ 크기
로 썰어 소금으로 주물러 씻어 쓴맛과 수분을 제거하고 호박은 돌려 깎기 한 후 도라지
크기로 썰어 소금에 살짝 절였다가 수분을 제거한다. 고사리는 부드러운 부분만 5㎝ 길
이로 썰어 간장, 다진 파, 다진 마늘, 깨소금, 참기름으로 무친다. 소고기는 1/3(약고추
장)은 다지고, 2/3는 도라지 크기로 채 썰어 고기 양념으로 무치고 달걀은 황·백 지단을
부치고 채썬다. 다시마는 기름에 튀겨 부스리고 튀긴 기름으로 채소와 고기를 볶는다.

3 약고추장 만들기 팬에 기름을 두르고 다진 소고기를 볶다가 고추장, 설탕, 물, 참기
름을 넣고 되지 않게 볶아 약고추장을 만든다.

4 완성하기 완성 그릇에 밥을 담고 그 위에 준비된 재료들을 색 맞춰 돌려 담고 튀긴
다시마, 약고추장을 올려 완성한다.

체크 **Point**
- ☑ 질지 않게 밥하기
- ☑ 고추장 타지 않게 볶아 담기
- ☑ 밥이 보이게 나물과 고명 얹기

장국죽

재료목록

쌀(30분 정도 물에 불린 쌀) 100g ┃ 소고기(살코기) 20g ┃ 건표고버섯 1개 ┃ (지름 5㎝ 정도, 물에 불린 것, 부서지지 않은 것) ┃ 대파(흰 부분 4㎝) 1토막 ┃ 마늘(중, 깐 것) 1쪽 ┃ 진간장 10㎖ ┃ 국간장 10㎖ ┃ 깨소금 5g ┃ 검은 후춧가루 1g ┃ 참기름 10㎖

작업 과정

1 재료 준비하기 쌀은 체에 밭쳐 물기를 제거하여 볼에 넣고 방망이로 쌀알이 반 정도 으깨지도록 빻아 준비하고 파, 마늘은 곱게 다져 진간장, 깨소금, 후춧가루, 참기름을 혼합하여 양념장을 만든다. 표고버섯은 수분을 제거한 후, 포를 뜨고 길이 3㎝로 채 썰고 소고기는 다져서 양념장으로 각각 양념한다.

2 죽 끓이기 냄비에 참기름을 두르고 소고기, 표고버섯을 넣어 볶다가 쌀을 넣고 충분히 볶아 투명해지면 분량의 물을 넣고 센 불에서 끓이다가 불을 줄여 은근한 불로 잘 저어가며 충분히 쌀알이 퍼지도록 끓인 후 국간장으로 간을 한다.

3 완성하기 죽의 농도가 알맞게 되면 완성 그릇에 담는다.

체크 **Point**
- ☑ 죽이 충분히 퍼지도록 불 조절하여 끓이기
- ☑ 완성된 죽의 농도조절 잘 하기
- ☑ 완성된 죽의 색 맞추기

완자탕

📋 재료목록

소고기(살코기) 50g | 소고기(사태 부위) 20g | 달걀 1개 | 대파(흰 부분 4㎝) 1/2토막 | 밀가루 (중력분) 10g | 마늘(중, 깐 것) 2쪽 | 식용유 20㎖ | 소금(정제염) 10g | 검은 후춧가루 2g | 두부 15g | 키친타올(소 18×20㎝) 1장 | 국간장 5㎖ | 참기름 5㎖ | 깨소금 5g | 백설탕 5g

🍴 작업 과정

1 **육수 준비하기** 소고기, 파, 마늘은 씻어 냄비에 물과 함께 넣고 맑게 끓여 면보에 거른 후 소금, 국간장으로 간을 하여 장국을 만든다.

2 **완자 빚기** 소고기는 다지고, 두부는 물기를 제거하여 으깬다. 파, 마늘은 곱게 다져 양념 재료를 혼합하여 다진 소고기, 으깬 두부에 넣고 잘 치대여 직경 3㎝ 크기의 완자를 빚는다.

3 **지단 만들기** 달걀은 황·백 지단을 부쳐 마름모꼴로 썰고 나머지는 혼합하여 완자용으로 사용한다.

4 **완자 익히기** 밀가루에 완자를 넣어 고루 묻힌 후 체에 넣고 흔들어 여분의 밀가루를 제거하고 달걀물에 밀가루를 묻힌 완자를 넣어 옷을 입인 후 체에 넣어 여분의 달걀물을 뺀다. 팬에 기름을 살짝 두르고 완자를 넣고 굴려가며 익히고 키친타올에 옮겨 기름을 제거한다.

5 **끓이기 및 완성하기** 냄비에 장국을 넣고 끓으면 익혀놓은 완자를 넣고 한소끔 끓여 완성 그릇에 담고 황·백 지단을 띄운다.

체크 Point
- ☑ 완자의 개수와 크기
- ☑ 완자에 밀가루, 달걀 물 두껍지 않게 입히기
- ☑ 완성된 탕의 국물의 양과 맑기

탕, 찌개

두부젓국찌개

시험시간 20분

재료목록

두부 100g | 생굴(껍질 벗긴 것) 30g | 실파(1뿌리) 20g | 홍고추(생) 1/2개 | 마늘(중, 깐 것) 1쪽
| 새우젓 10g | 참기름 5㎖ | 소금(정제염) 5g

작업 과정

1 재료 준비하기 마늘은 곱게 다지고, 실파는 3㎝ 길이로 썰고, 홍고추는 씨를 제거하고 0.5×3㎝ 길이로 썬다. 굴은 연한 소금물에 흔들어 씻어 물기를 제거하고, 두부는 2×3㎝, 두께 1㎝로 썬다. 새우젓은 다져 소창에 넣고 국물을 짠다.

2 끓이기 냄비에 250㎖ 정도의 물을 넣고 새우젓 국물과 소금을 넣어 간을 한다. 끓으면 두부를 넣고 한소끔 끓인 후 굴, 다진 마늘을 넣고 잠깐 더 끓이다가 홍고추, 실파와 참기름을 소량 넣은 후 불을 끈다.

3 완성하기 완성 그릇에 조화롭게 담는다.

체크 Point
- 굴, 두부는 오래 끓이지 않기
- 두부크기 일정하게 썰기
- 참기름 양에 유의하기

두부젓국찌개 7

생선찌개

재료목록

동태(300g) 1마리 | 무 60g | 애호박 30g | 두부 60g | 풋고추(5cm 이상) 1개 | 홍고추(생) 1개 | 쑥갓 10g | 마늘(중, 깐 것) 2쪽 | 생강 10g | 실파(2뿌리) 40g | 고추장 30g | 소금(정제염) 10g | 고춧가루 10g

작업 과정

1 생선 손질하기 생선은 지느러미와 비늘을 제거한 후 4~5cm 길이로 토막을 낸 후, 내장과 검은 막을 제거하고 깨끗이 씻는다.

2 재료 썰기 마늘, 생강은 다지고 실파, 쑥갓은 4cm로 썰고 무와 두부는 2.5×3.5×0.8cm로 썬다. 홍고추, 풋고추는 어슷하게 썰어 씨를 제거하고 호박은 0.5cm 두께의 반달 모양으로 썬다.

3 끓이기 냄비에 물을 넣고 고추장을 풀어 끓으면 무를 넣어 무가 2/3 정도 익으면 생선을 넣고 고춧가루를 넣어 끓이고 호박, 두부, 홍고추, 풋고추, 다진 생강, 다진 마늘 순서대로 넣어 한소끔 끓으면 소금으로 간을 한다. 생선과 국물이 잘 어우러지면 실파, 쑥갓을 넣고 불을 끈다.

4 완성하기 완성 그릇에 골고루 재료가 보이도록 조화롭게 담는다.

체크 Point
- ☑ 생선 손질 깨끗하게 하기
- ☑ 생선살 부스러지지 않게 끓이기
- ☑ 찌개 국물의 색과 양에 유의하기

생선전

재료목록

동태(400g) 1마리 ┃ 밀가루(중력분) 30g ┃ 달걀 1개 ┃ 소금(정제염) 10g ┃ 흰 후춧가루 2g
┃ 식용유 50㎖

작업 과정

1. 생선 손질하기 동태는 지느러미와 비늘을 긁고 내장을 깨끗하게 제거한 후 물기를
제거한다. 동태는 세장 뜨기하여 동태 껍질 쪽이 도마에 닿게 놓고 꼬리 쪽부터 칼을
넣어 껍질을 당기며 좌우로 흔들어 껍질을 제거한다. 동태살은 4.5×5.5㎝ 크기의
길이로 어슷하게 포 떠서 8장을 준비한 후 소금, 흰 후추를 뿌려 간을 한다.

2. 전 지지기 달걀을 풀어 달걀물을 만들고, 생선살의 물기를 제거하고 밀가루를 골고
루 묻히고 달걀물을 입혀 기름을 두른 팬에 노릇노릇 지진다.

3. 완성하기 완성 접시에 생선 뼈 쪽이 위로 올라오게 생선전을 담는다.

체크 Point
- 생선살의 수분 제거
- 전의 두께, 크기
- 전의 색과 개수

육원전

🍱 재료목록

소고기(살코기) 70g ▪ 두부 30g ▪ 밀가루(중력분) 20g ▪ 대파(흰 부분 4cm) 1토막 ▪ 마늘(중, 깐 것) 1쪽 ▪ 달걀 1개 ▪ 참기름 5㎖ ▪ 검은 후춧가루 2g ▪ 소금(정제염) 5g ▪ 식용유 30㎖ ▪ 깨소금 5g ▪ 백설탕 5g

🍴 작업 과정

1 재료 준비하기 파, 마늘은 씻어 곱게 다지고 두부는 면보에 싸서 수분을 제거한 후 칼등을 이용해 곱게 으깬다. 소고기는 기름을 제거하여 곱게 다지고, 달걀을 풀어 달 걀물을 만든다.

2 완자 빚기 볼에 으깬 두부와 다진 소고기를 넣고 다진 파, 다진 마늘, 소금, 설탕, 깨소금, 후춧가루, 참기름을 혼합하여 충분히 치댄 후, 반죽을 6등분으로 나누어 직 경 4.3cm 정도, 두께 0.5cm 정도로 둥글게 빚고 가운데를 약간 눌러 완자를 만든다.

3 전 지지기 빚은 완자는 밀가루, 달걀물을 묻혀 기름을 두른 팬에 앞, 뒤를 노릇하 게 익혀 낸다.

4 완성하기 완성 접시에 육원전을 담는다.

체크 Point
☑ 전의 반죽 상태
☑ 완성된 전의 색과 개수
☑ 완성된 전의 익은 상태

표고버섯전

시험 시간 20분

🍽️ 재료목록

불린 건표고버섯(2.5~4㎝) 5개 ▮ 소고기(살코기) 30g ▮ 두부 15g ▮ 밀가루(중력분) 20g ▮ 달걀 1개 ▮ 대파(흰 부분 4㎝) 1토막 ▮ 마늘(중, 깐 것) 1쪽 ▮ 검은 후춧가루 1g ▮ 진간장 5㎖ ▮ 참기름 5㎖ ▮ 소금(정제염) 5g ▮ 깨소금 5g ▮ 식용유 20㎖ ▮ 백설탕 5g

🍴 작업 과정

1 재료 준비하기 표고버섯은 물기를 짜고 기둥을 제거 한 후 간장, 설탕, 참기름으로 양념한다. 파와 마늘은 곱게 다지고, 두부는 면보에 싸서 수분을 제거하고 곱게 으깬다. 소고기는 기름을 제거하여 곱게 다지고, 달걀을 풀어 달걀물을 만든다.

2 소 만들기 다진 소고기와 으깬 두부에 다진 파, 다진 마늘, 소금, 설탕, 깨소금, 후춧 가루, 참기름을 넣고 끈기가 있도록 충분히 치댄다.

3 표고버섯에 소 넣기 양념한 표고버섯 안쪽에 밀가루를 묻히고 양념한 소를 꼭꼭 눌러 채운다.

4 전 지지기 표고버섯 속을 채운 쪽만 밀가루, 달걀물을 묻혀 기름을 두른 팬에 노릇 하게 익힌다. 속까지 익으면 뒤집어 살짝 지진다.

5 완성하기 완성 접시에 표고버섯전을 담는다.

체크 **Point**
☑️ 소의 반죽 상태
☑️ 완성된 전의 색과 개수
☑️ 완성된 전의 익은 상태

풋고추전

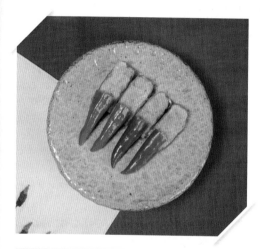

🍚🍴 재료목록

풋고추(길이 11㎝ 이상) 2개 ┃ 소고기(살코기) 30g ┃ 두부 15g ┃ 밀가루(중력분) 15g ┃ 달걀 1개 ┃ 대파(흰 부분 4㎝) 1토막 ┃ 마늘(중, 깐 것) 1쪽 ┃ 검은 후춧가루 1g ┃ 깨소금 5g ┃ 참기름 5㎖ ┃ 소금(정제염) 5g ┃ 식용유 20㎖ ┃ 백설탕 5g

🍴🍴 작업 과정

1 재료 준비하기 풋고추는 5㎝로 썰어 길이로 반을 갈라씨를 제거한 후, 끓는 물에 소금을 넣고 살짝 데쳐 헹구고 물기를 제거한다. 파와 마늘은 곱게 다지고, 두부는 면 보에 싸서 수분을 제고하고 곱게 으깬다. 소고기는 기름을 제거하여 곱게 다지고, 달 걀을 풀어 달걀물을 만든다.

2 소 만들기 다진 소고기와 으깬 두부에 다진 파, 다진 마늘, 소금, 설탕, 깨소 금, 후춧가루, 참기름을 넣고 끈기가 있도록 충분히 치댄다.

3 풋고추에 속넣기 손질한 풋고추 안쪽에 밀가루를 묻히고 양념한 소를 꼭꼭 눌러 채운다.

4 전 지지기 고추 속을 채운 쪽에만 밀가루, 달걀 물을 묻혀 기름을 두른 팬에 노릇하 게 익혀 낸다. 속까지 익으면 뒤집어 살짝 지진다.

5 완성하기 완성 접시에 풋고추전을 담는다.

체크 Point
☑ 풋고추의 수분을 제거하기
☑ 완성된 전의 색과 개수

적

섭산적

시험시간 30분

재료목록

소고기(살코기) 80g | 두부 30g | 대파(흰 부분 4cm) 1토막 | 마늘(중, 깐 것) 1쪽 | 소금(정제염) 5g | 백설탕 10g | 깨소금 5g | 참기름 5㎖ | 검은 후춧가루 2g | 잣(깐 것) 10개 | 식용유 30㎖

작업 과정

1 재료 준비하기 잣은 고깔과 기름을 제거하고 비벼서 가루를 만들고 파, 마늘은 곱게 다진다. 두부는 면보에 싸서 수분을 제거하여 으깨고, 소고기는 곱게 다진다.

2 양념하기 다진 소고기와 으깬 두부에 다진 파, 다진 마늘, 소금, 설탕, 깨소금, 후춧가루, 참기름을 넣고 끈기가 있도록 충분히 치댄다.

3 모양 만들기 비닐이나 도마 위에 참기름을 약간 바른 후, 반죽을 놓고 가로, 세로 8×8cm, 두께 0.6cm 정도의 크기로 네모나게 반대기를 짓고 대각선으로 잔 칼집을 살짝 넣는다.

4 석쇠에 굽기 석쇠에 기름을 바르고 반대기 지은 고기를 올려 타지 않게 앞, 뒤로 굽는다.

5 완성하기 고기가 익으면 식힌 뒤 도마 위에 올려 2×2cm 크기로 9조각을 썰어 완성 접시에 9조각의 섭산적을 가지런히 담고 잣가루를 올린다.

체크 Point
☑ 석쇠 코팅 잘해서 사용하기
☑ 섭산적이 식은 후 썰기
☑ 완성된 섭산적의 크기와 개수

화양적

재료목록

소고기(살코기, 길이 7cm) 50g ▮ 불린 건표고버섯(지름 5cm 정도) 1개 ▮ 당근(곧은 것, 길이 7cm 정도)
50g ▮ 오이(가늘고 곧은 것, 20cm 정도) 1/2개 ▮ 통도라지(껍질 있는 것, 20cm 정도) 1개 ▮ 산적꼬치
(길이 8~9cm 정도) 2개 ▮ 진간장 5㎖ ▮ 대파(흰 부분 4cm) 1토막 ▮ 마늘(중, 깐 것) 1쪽 ▮ 소금(정제염)
5g ▮ 백설탕 5g ▮ 깨소금 5g ▮ 참기름 5㎖ ▮ 검은 후춧가루 2g ▮ 잣(깐 것) 10개 ▮ A4용지
1장 ▮ 달걀 2개 ▮ 식용유 30㎖

작업 과정

1 재료 준비하기 파, 마늘은 씻어 곱게 다진다. 도라지는 껍질을 제거한 후 6×1×0.6cm
가 되도록 썰고, 당근도 같은 크기로 썰어 끓는 물에 소금을 약간 넣고 데친다. 오이
도 같은 크기로 썰어 소금에 살짝 절였다가 물기를 제거하고 표고버섯도 같은 크기
로 썰어 양념한다. 소고기는 7×1×0.4cm로 썰어 앞, 뒤로 자근자근 칼로 두드려 양
념하고 달걀노른자에 소금을 약간 넣어 풀고 잣은 고깔을 제거하고 가루를 만든다.

2 지단 만들기&재료 볶기 팬에 노른자를 넣고 두께가 0.6cm가 되도록 황색 지단을
부쳐 길이 6cm, 폭 1cm로 썰고 팬에 기름을 두르고 도라지, 당근, 오이, 표고버섯, 소
고기 순서대로 볶는다.(당근과 도라지는 볶으면서 소금간을 한다.)

3 꼬지 끼우기 산적 꼬지에 준비된 재료를 색 맞추어 끼우고 꼬지의 양쪽 1cm 정도
남기고 자른다.

4 완성하기 완성 접시에 완성된 화양적을 담고 잣가루를 정갈하게 올린다.

체크 Point
- ☑ 재료의 두께와 크기
- ☑ 재료의 선명한 색
- ☑ 완성된 화양적의 개수

시험시간 35분

적

화양적 **14**

지짐누름적

시험시간 35분

🍚🍴 재료목록

소고기(살코기 7㎝) 50g ▌불린 건표고버섯(지름 5㎝ 정도, 부서지지 않은 것) 1개 ▌당근(길이 7㎝ 정도, 곧은 것) 50g ▌쪽파(중) 2뿌리 ▌통도라지(껍질있는 것 20㎝) 1개 ▌밀가루(중력분) 20g ▌달걀 1개 ▌산적꼬치(8~9㎝) 2개 ▌대파(흰 부분 4㎝) 1토막 ▌마늘(중, 깐 것) 1쪽 ▌소금(정제염) 5g ▌백설탕 5g ▌깨소금 5g ▌참기름 5㎖ ▌검은 후춧가루 2g ▌식용유 30㎖ ▌진간장 10㎖

🍴🍴 작업 과정

1 재료 준비하기 파, 마늘은 씻어 곱게 다진다. 도라지, 당근은 손질하여 6×1×0.6㎝로 썰어 끓는 물에 소금을 약간 넣고 데쳐 소금, 참기름으로 양념한다. 쪽파는 6㎝ 길이로 썰어 소금, 참기름으로 양념하고 표고버섯은 폭 1㎝로 썰어 소금, 참기름으로 양념한다. 소고기는 길이 7×1.2×0.5㎝로 썰어 앞, 뒤로 자근자근 칼로 두드려 양념하고, 달걀물을 만든다.

2 재료 볶기 팬에 기름을 두르고 도라지, 당근, 오이, 표고버섯, 소고기 순서대로 각각 볶는다.

3 꼬지 끼워 지지기 볶은 재료를 산적 꼬지에 색 맞추어 끼워 밀가루를 묻힌 후, 달걀물에 넣었다가 기름 두른 팬에 노릇하게 지진다.

4 완성하기 지짐누름적이 식으면 꼬지를 돌려가며 빼고 완성 접시에 담는다.

무생채

시험시간 15분

🍚🍴 재료목록

무(7㎝) 100g ▎소금(정제염) 5g ▎고춧가루 10g ▎백설탕 10g ▎식초 5㎖ ▎대파(흰 부분 4㎝)
1토막 ▎마늘(중, 깐 것) 1쪽 ▎깨소금 5g ▎생강 5g

🍴 작업 과정

1 재료 준비하기 무는 길이 6㎝, 두께 0.2㎝, 폭 0.2㎝로 일정하게 채 썰어 고춧가루
를 넣고 버무려 물들이고 파, 마늘, 생강은 곱게 다진다.

2 양념 만들기 다진 파, 다진 마늘, 다진 생강, 소금, 설탕, 식초, 깨소금을 넣어 양념
을 만든다.

3 생채 무치기 고춧가루로 물들여 놓은 무채에 양념을 넣어 살살 골고루 버무린다.

4 완성하기 완성 접시에 보기 좋게 담는다.

체크 **Point**
- ☑ 일정한 크기의 무채 썰기
- ☑ 제출직전에 양념하기
- ☑ 색과 양에 유의

도라지생채

재료목록

통도라지(껍질 있는 것) 3개 | 소금(정제염) 5g | 고추장 20g | 백설탕 10g | 식초 15㎖ | 대파 (흰 부분 4㎝ 정도) 1토막 | 마늘(중, 깐 것) 1쪽 | 깨소금 5g | 고춧가루 10g

작업 과정

1 재료 준비하기 깨끗하게 씻은 도라지는 껍질을 돌려가면서 제거한 후 길이 6㎝, 두께 0.3㎝의 편으로 썬 후, 폭 0.3㎝로 채 썰어 소금으로 절였다가 주물러 씻어 쓴맛을 제거한 후, 물기를 꼭 짠다. 파, 마늘은 곱게 다진다.

2 양념 만들기 다진 파, 다진 마늘, 고추장, 고춧가루, 소금, 설탕, 식초, 깨소금을 넣어 양념을 만든다.

3 생채 무치기 볼에 물기를 제거한 도라지와 양념을 넣고 원하는 색이 되도록 골고루 버무린다.

4 완성하기 완성 접시에 보기 좋게 담는다.

체크 Point
☑ 규격에 맞게 일정하게 썰기
☑ 도라지 수분 제거하기
☑ 알맞은 색으로 무치기

더덕생채

재료목록

통 더덕(껍질 있는 것 10~15㎝) 2개 | 대파(흰 부분 4㎝) 1토막 | 마늘(중, 깐 것) 1쪽 | 소금(정제염) 5g | 고춧가루 20g | 백설탕 5g | 식초 5㎖ | 깨소금 5g

작업 과정

1 재료 준비하기 깨끗하게 씻은 더덕은 칼로 돌려가면서 껍질을 제거하여 길이 5㎝, 두께 0.3㎝의 편으로 썰어 소금을 넣어 절인다. 나른하게 절여지면 물에 헹구어 물기를 제거하고 방망이로 자근자근 두들긴 후 길이로 가늘게 찢는다. 파, 마늘은 곱게 다진다.

2 양념 만들기 다진 파, 다진 마늘, 고춧가루, 소금, 설탕, 식초, 깨소금을 넣어 양념을 만든다.

3 생채 무치기 볼에 가늘게 찢은 더덕에 양념을 넣고 원하는 색이 되도록 골고루 버무린다.

4 완성하기 완성 접시에 보기 좋게 담는다.

체크 Point
- 더덕 생채의 수분 상태
- 완성된 더덕생채의 색

생채

겨자냉채

시험시간 35분

🍱 재료목록

양배추(길이 5cm) 50g ┃ 오이(가늘고 곧은 것 20cm 정도) 1/3개 ┃ 당근(곧은 것, 길이 7cm 정도) 50g ┃ 소고기(살코기, 길이 5cm 정도) 50g ┃ 밤(생것, 껍질 깐 것) 2개 ┃ 달걀 1개 ┃ 배(중, 길이로 등분, 50g 정도 지급) 1/8개 ┃ 백설탕 20g ┃ 잣(깐 것) 5개 ┃ 소금(정제염) 5g ┃ 식초 10㎖ ┃ 진간장 5㎖ ┃ 겨자가루 6g ┃ 식용유 10㎖

🍴 작업 과정

1 재료 준비하기 소고기는 삶아 뜨거울 때 면보에 싸서 꼭꼭 눌러 모양을 잡은 뒤 4×1×0.3cm로 썰고 양배추, 당근, 오이도 같은 크기로 썰어 찬물에 담근다. 배는 채소와 같은 크기로 썰어 설탕물에 담근다. 겨자는 발효시켜 매운 향이 나면 소금, 설탕, 식초, 간장, 물을 넣고 잘 풀어 체에 내려 겨자즙을 만든다. 밤은 모양대로 두께 0.3cm로 편으로 썬다.

2 지단 만들기 달걀은 황, 백으로 나누어 지단을 약간 도톰하게 부친 후, 같은 크기로 썬다.

3 냉채 무치기 채소와 배는 물기를 제거하고 지단, 편육을 넣고 섞은 후 겨자즙을 넣고 골고루 버무린다.

4 완성하기 버무린 겨자냉채는 완성 접시에 보기 좋게 담고 고명으로 잣을 올린다.

잡채

시험시간 35분

🍚 재료목록

당면 20g | 숙주(생것) 20g | 소고기(살코기, 길이 7cm) 30g | 건표고(지름 5cm 정도, 물에 불린 것) 1개
| 건목이(지름 5cm 정도, 물에 불린 것) 2개 | 양파(중, 150g 정도) 1/3개 | 오이(가늘고 곧은 것, 20cm 정도)
1/3개 | 당근(곧은 것, 7cm 정도) 50g | 통도라지(껍질 있는 것, 20cm 정도) 1개 | 백설탕 10g | 대파
(흰 부분 4cm) 1토막 | 마늘(중, 깐 것) 2쪽 | 달걀 1개 | 진간장 20mℓ | 참기름 5mℓ | 식용유 50mℓ
| 깨소금 5g | 검은 후춧가루 1g | 소금(정제염) 15g

🍴 작업 과정

1 재료 준비하기 도라지는 껍질을 제거하고, 0.3×0.3×6cm 길이로 채 썰어 소금에 절
였다가 주물러 쓴맛을 빼고, 오이는 돌려 깎아 도라지와 같은 크기로 채 썰어 소금에 절
였다가 물기를 제거한다. 양파, 당근도 같은 크기로 채 썰어 소금을 살짝 뿌린다. 목이버
섯은 미지근한 물에 불려 적당한 크기로 뜯고, 숙주는 거두절미하여 끓는 물에 데쳐 소
금, 참기름으로 무친다. 파와 마늘은 곱게 다지고 달걀은 흰자와 노른자를 분리하여 소금
을 넣고 푼다. 소고기와 표고버섯은 채소와 같은 크기로 채 썬다.

2 소고기&표고버섯 양념하기 양념장을 만들어 소고기와 표고버섯을 양념한다.

3 당면삶아 볶기 끓는 물에 당면을 삶아 찬물에 헹구어 물기를 제거한 후, 적당한 길
이로 잘라 간장, 설탕, 참기름으로 양념하여 볶는다.

4 지단 만들고 재료 볶기 황·백 지단을 부쳐 4cm 길이로 채썰고, 팬에 기름을 두르고
양파, 도라지, 오이, 당근, 목이버섯, 표고버섯, 소고기 순서대로 볶는다.

5 완성하기 볼에 볶은 당면과 채소, 소금, 설탕, 깨소금, 참기름을 넣고 골고루 버무린
다. 완성 접시에 잡채를 담고 고명으로 황·백 지단을 올린다.

🍴 체크 Point
☑ 재료의 크기에 맞게 썰기
☑ 당면은 삶아서 수분을 제거하기
☑ 당면 알맞게 볶기

탕평채

시험시간 35분

🍲🍴 재료목록

청포묵(중, 길이 6㎝) 150g · 숙주(생것) 20g · 소고기(살코기 5㎝) 20g · 미나리(줄기) 10g · 달걀 1개 · 김 1/4장 · 대파(흰 부분 4㎝) 1토막 · 마늘(중, 깐 것) 2쪽 · 진간장 20㎖ · 검은 후춧가루 1g · 참기름 5㎖ · 백설탕 5g · 깨소금 5g · 식초 5㎖ · 소금(정제염) 5g · 식용유 10㎖

🍴 작업 과정

1 재료 준비하기 청포묵은 0.4×0.4×6㎝로 썰어 끓는 물에 데쳐 투명해지면 건져서 물기를 제거하고 참기름, 소금으로 양념한다. 숙주와 미나리는 다듬어 4~5㎝ 길이로 썰어 끓는 물에 소금을 넣고 데치고 찬물에 헹궈 물기를 제거한다. 파, 마늘은 곱게 다지고 소고기는 0.3×0.3×5㎝ 로 채썬다. 김은 살짝 구워 부스린다.

2 지단 만들기 달걀은 흰자, 노른자 분리하여 지단을 부치고 4㎝ 길이로 채 썬다.

3 소고기 양념하여 볶기 채 썬 소고기에 다진 파, 다진 마늘, 간장, 설탕, 깨소금, 참기름, 후춧가루로 양념하여 볶는다.

4 초간장 만들기 간장, 식초, 설탕으로 초간장을 만든다.

5 버무려 완성하기 준비한 채소와 소고기에 초간장을 넣고 무친다음 청포묵을 넣고 살살 버무려 완성 접시에 탕평채를 담고 김과 황·백지단을 고명으로 올린다.

체크 Point
- ☑ 청포묵의 크기
- ☑ 청포묵은 끓는 물에 오래 데치지 않기

칠절판

🍚🍴 재료목록

소고기(살코기, 길이 6cm) 50g ┃ 오이(가늘고 곧은 것, 20cm 정도) 1/2개 ┃ 당근(곧은 것, 길이 7cm 정도) 50g ┃ 달걀 1개 ┃ 석이버섯(부서지지 않은 것, 마른 것) 5g ┃ 밀가루(중력분) 50g ┃ 대파(흰 부분 4cm) 1토막 ┃ 마늘(중, 깐 것) 2쪽 ┃ 진간장 20㎖ ┃ 참기름 10㎖ ┃ 검은 후춧가루 1g ┃ 백설 탕 10g ┃ 깨소금 5g ┃ 식용유 30㎖ ┃ 소금(정제염) 10g

🍴🍴 작업 과정

1 재료 준비하기 오이는 5cm 길이로 썰어 돌려 깎기하여 0.2×0.2cm로 채 썰고, 당근도 오이와 같은 크기로 채 썰어 소금에 살짝 절인 후 물기를 제거한다. 달걀은 흰 자와 노른자를 분리하여 소금을 넣고 풀어 놓고, 석이버섯은 미지근한 물에 불려 물 기를 제거하고 곱게 채 썰어 소량의 참기름과 소금으로 양념한다. 소고기는 채소와 같은 크기로 채 썰어 고기양념한다.

2 밀전병 만들기 밀가루 5큰술, 물 6큰술, 소금을 넣고 멍울이 없도록 푼 후 체에 내린다. 팬에 기름을 조금 두르고 불은 약하게 한 후, 직경 8cm 크기의 밀전병을 6개 부친다.

3 지단 만들기 황·백 지단을 부친 후, 0.2×0.2×5cm로 채 썬다.

4 재료 볶기 팬에 오이, 당근, 석이버섯, 소고기 순서대로 볶는다.

5 완성하기 완성 접시 중앙에 밀전병을 놓고 색을 맞추어 보기 좋게 담는다.

☑ 밀가루 반죽 농도
체크 Point ☑ 전병 부칠 때 기름 적게 사용하기
☑ 전병 크기 및 개수

육회

재료목록

소고기(살코기) 90g | 배(100g) 1/4개 | 잣(깐 것) 5개 | 소금(정제염) 5g | 대파(흰 부분 4cm) 2토막 | 마늘(중, 깐 것) 3쪽 | 검은 후춧가루 2g | 참기름 10㎖ | 백설탕 30g | 깨소금 5g

작업 과정

1 재료 준비하기 잣은 기름을 제거하여 잣가루를 만든다. 마늘은 일부는 편으로 얇게 썰고, 나머지는 파와 같이 곱게 다진다. 배는 껍질과 속을 제거하여 길이 4×0.3×0.3 ㎝로 채 썰어 설탕물에 담그고 소고기는 기름을 제거하고 0.3×0.3×0.3㎝로 결 반대 방향으로 채 썬다.

2 양념 만들기 다진 파, 다진 마늘, 소금, 설탕, 깨소금, 후춧가루, 참기름으로 양념을 만든다.

3 완성하기 배는 물기를 제거하고 완성 접시에 가지런히 돌려 담고 채 썬 소고기에 양념을 넣어 무친다. 가운데에 양념한 고기를 소복하게 담고, 편으로 썬 마늘을 고기에 기대어 돌려 담는다. 육회 위에 잣가루를 올린다.

체크 Point
- 배의 갈변 방지와 수분 제거하기
- 소고기의 핏물 제거하기

시험시간 20분

미나리강회

재료목록

소고기(살코기, 길이 7㎝) 80g ▮ 미나리(줄기) 30g ▮ 홍고추(생) 1개 ▮ 달걀 2개 ▮ 고추장 15g ▮ 식초 5㎖ ▮ 백설탕 5g ▮ 소금(정제염) 5g ▮ 식용유 10㎖

작업 과정

1 재료 준비하기 소고기는 삶아 면보에 싸서 누르고 식으면 길이 5cm, 폭 1.5cm, 두께 0.3cm로 썬다. 미나리는 끓는 물에 소금을 넣고 데쳐 찬물에 헹구어 물기를 제거하고 홍고추는 반으로 갈라 씨를 제거하고, 길이 4cm, 폭 0.5cm로 썬다.

2 지단 만들기 달걀은 황·백 지단을 도톰하게 부치고, 길이 4cm, 폭 1.5cm로 썬다.

3 초고추장 만들기 고추장, 식초, 설탕, 물을 넣고 잘 섞어 초고추장을 만든다.

4 완성하기 편육, 백색 지단, 황색 지단, 홍고추의 순서대로 가지런히 잡고 데친 미나리로 중간 정도 (전체 1/3정도) 돌려 감는다. 완성 접시에 미나리강회 8개를 보기 좋게 담고 초고추장을 곁들인다.

체크 Point
- 각각 재료의 크기
- 미나리 감은 상태와 미나리 강회 개수
- 초고추장 곁들이기

두부조림

재료목록

두부 200g ┃ 대파(흰 부분 4cm) 1토막 ┃ 마늘(중, 깐 것) 1쪽 ┃ 실고추(길이 10cm, 1~2줄기) 1g ┃ 검은 후춧가루 1g ┃ 진간장 15㎖ ┃ 참기름 5㎖ ┃ 백설탕 5g ┃ 소금(정제염) 5g ┃ 식용유 30㎖ ┃ 깨소금 5g

작업 과정

1 재료 준비하기 두부는 4.5×3×0.8cm로 일정하게 썰어 접시에 담고 소금을 뿌려 절이고 파는 1/3은 길이 1.5cm 정도로 가늘게 채 썰고, 나머지는 마늘과 같이 곱게 다진다.

2 두부 지지기 두부는 물기를 제거하고 기름 두른 팬에 앞, 뒤로 노릇노릇하게 지진다.

3 양념장 만들기 다진 파, 다진 마늘, 간장, 설탕, 깨소금, 후춧가루, 참기름을 넣고 섞어 양념장을 만든다.

4 조림하기 냄비에 노릇하게 지진 두부, 물 1/4컵, 양념장을 넣고 중간 불로 졸이면서 양념장을 골고루 끼얹어 졸여지면 불을 끄고 파채와 실고추를 가지런히 올린 후 뚜껑을 덮어 뜸인다.

5 완성하기 완성 접시에 두부를 살짝 겹치게 가지런히 담고 촉촉하게 국물을 끼얹는다.

체크 Point
☑ 두부 일정한 크기로 썰기
☑ 두부 노릇한 색깔로 지지기

홍합초

재료목록

생홍합(굵고 싱싱한 것, 껍질 벗긴 것) 100g ▮ 대파(흰 부분 4㎝) 1토막 ▮ 마늘(중, 깐 것) 2쪽 ▮ 생강 15g ▮ 검은 후춧가루 2g ▮ 진간장 40㎖ ▮ 참기름 5㎖ ▮ 백설탕 10g ▮ 잣(깐 것) 5개 ▮ A4용지 1장

작업 과정

1 재료 준비하기 홍합은 족사를 제거하고 깨끗이 씻어 끓는 물에 살짝 데쳐 물기를 제거한다. 파는 2㎝ 길이로 썰고, 마늘, 생강은 얇게 0.2㎝ 정도로 편 썬다. 잣은 고깔과 기름을 제거하고 잣가루를 만든다.

2 홍합초 만들기 냄비에 간장, 물, 설탕을 넣고 끓으면 편으로 썬 마늘, 생강을 넣어 졸이다 데친 홍합을 넣고 국물을 끼얹어가며 은근하게 졸여 국물이 반 정도 졸여지면 파를 넣고 졸이면서 후춧가루, 참기름을 넣고 섞는다.

3 완성하기 완성 접시에 홍합초를 담고 잣가루를 살포시 올린다.

체크 Point
- 홍합 꼭 끓는 물에 데치기
- 홍합이 단단하지 않도록 하기

시험
시간 25분

너비아니구이

재료목록

소고기(안심 또는 등심, 덩어리) 100g ┃ 대파(흰 부분 4cm) 1토막 ┃ 마늘(중, 깐 것) 2쪽 ┃ 배(50g 정도) 1/8개 ┃ 진간장 50㎖ ┃ 참기름 10㎖ ┃ 검은 후춧가루 2g ┃ 백설탕 10g ┃ 깨소금 5g ┃ 식용유 10㎖ ┃ 잣(깐 것) 5개 ┃ A4용지 1장

작업 과정

1 재료 준비하기 배는 껍질을 제거하고 강판에 갈아 면보에 짜서 즙을 내고 파, 마늘은 곱게 다진다. 소고기는 기름을 제거하고 5×6×0.4cm 정도로 썰어 칼등으로 자근자근 두들겨 부드럽게 한다. 잣은 고깔을 제거하고 잣가루를 만든다.

2 양념장 만들기 배즙, 다진 파, 다진 마늘, 간장, 설탕, 깨소금, 후춧가루, 참기름을 넣고 양념장을 만든다.

3 고기 재우기 손질한 소고기에 양념장을 골고루 발라 충분히 간이 배도록 재운다.

4 굽기 석쇠를 불에 올려 뜨거워지면 기름을 바르고 재운 고기를 가지런히 얹어 타지 않게 앞, 뒤로 굽는다.

5 완성하기 완성 접시에 너비아니를 가지런히 겹치게 담고 잣가루를 정갈하고 보기 좋게 올린다.

체크 **Point**
☑ 고기가 단단해지지 않게 굽기
☑ 너비아니의 크기와 개수

구이

구이

제육구이

시험
시간 30분

🍽️ 재료목록

돼지고기(등심 또는 볼깃살) 150g | 고추장 40g | 생강 10g | 진간장 10g | 대파(흰 부분 4cm)
1토막 | 마늘(중, 깐 것) 2쪽 | 검은 후춧가루 2g | 백설탕 15g | 깨소금 5g | 참기름 5mℓ
| 식용유 10mℓ

🍴 작업 과정

1 재료 준비하기 파, 마늘은 곱게 다진다. 생강은 곱게 다진 후 즙을 짠다. 돼지고기는
5×6×0.3cm 정도로 썬 후, 수축되지 않게 잔 칼집을 넣는다.

2 양념장 만들기 고추장, 다진 파, 다진 마늘, 생강즙, 간장, 설탕, 깨소금, 후춧가루,
참기름을 넣어 양념장을 만든다.

3 고기 재우기 손질한 돼지고기에 양념장을 골고루 발라 충분히 간이 배도록 재운다.

4 굽기 석쇠를 불에 올려 뜨거워지면 기름을 바르고 재운 고기를 가지런히 얹어 타지
않게 앞, 뒤로 굽는다.

5 완성하기 완성 접시에 제육구이를 가지런히 살짝 겹치게 담는다.

체크 Point
- ☑️ 고추장 양념농도
- ☑️ 고기 수분 제거하기
- ☑️ 제육구이의 크기와 색
- ☑️ 제육구이의 구워진 정도

북어구이

시험 시간 20분

재료목록

북어포(반을 갈라 말린 껍질이 있는 것, 40g) 1마리 ┃ 대파(흰 부분 4㎝) 1토막 ┃ 마늘(중, 깐 것) 2쪽 ┃ 진간장 20㎖ ┃ 고추장 40g ┃ 백설탕 10g ┃ 깨소금 5g ┃ 참기름 15㎖ ┃ 검은 후춧가루 2g ┃ 식용유 10㎖

작업 과정

1 **북어 손질하기** 북어는 젖은 면보로 감싸 불린 후, 물기와 지느러미를 제거하고 6㎝ 정도로 자른다. 껍질 쪽에 대각선으로 칼집을 넣어 오그라들지 않게 한다.

2 **양념장 만들기** 파, 마늘은 곱게 다져 고추장, 간장, 설탕, 깨소금, 후춧가루, 참기름을 넣어 양념장을 만든다.

3 **유장발라 초벌굽기** 간장, 참기름을 혼합하여 유장을 만들어 북어 전체에 골고루 바른다. 석쇠를 불에 올려 뜨거워지면 기름을 바르고 북어를 올려 초벌구이 한다.

4 **양념장 발라 굽기** 초벌구이한 북어의 앞, 뒤에 양념장을 골고루 바른 후, 석쇠에 올려 타지 않게 굽는다.

5 **완성하기** 완성 접시에 북어구이를 순서대로 가지런히 살짝 겹치게 담는다.

체크 Point
☑ 구우면 줄어들기 때문에 크기 감안해서 자르기
☑ 북어 수분 제거하기

더덕구이

재료목록

통더덕(껍질 있는 것, 길이 10~ 15cm 정도) 3개 | 대파(흰 부분 4cm) 1토막 | 마늘(중, 깐 것) 1쪽 | 진간장 10㎖ | 고추장 30g | 백설탕 5g | 깨소금 5g | 참기름 10㎖ | 소금(정제염) 10g | 식용유 10㎖

작업 과정

1 더덕 손질하기 더덕은 깨끗이 씻어 뇌두 부분을 잘라내고 위에서부터 돌려가며 껍질을 제거한 후, 편으로 썰어 소금물에 절인 후 나른해진 더덕은 물기를 제거하고 방망이로 자근자근 두들겨 놓는다.

2 양념장 만들기 파, 마늘은 곱게 다져 고추장, 간장, 설탕, 깨소금, 참기름을 넣어 양념장을 만든다.

3 유장 발라 초벌굽기 간장, 참기름을 혼합하여 유장을 만들어 더덕에 골고루 바른다. 석쇠를 불에 올려 뜨거워지면 기름을 바르고 더덕을 올려 초벌구이 한다.

4 양념장 발라 굽기 초벌구이한 더덕의 앞, 뒤에 양념장을 골고루 바른 후, 석쇠에 올려 타지 않게 굽는다.

5 완성하기 완성 접시에 더덕구이를 순서대로 가지런히 살짝 겹치게 담는다.

체크 **Point**
☑ 더덕 수분 제거하기
☑ 더덕의 형태 유지
☑ 구워진 정도와 색

구이

생선양념구이

시험시간 30분

🍽️ 재료목록

조기(100~120g) 1마리 ┃ 대파(흰 부분 4㎝) 1토막 ┃ 마늘(중, 깐 것) 1쪽 ┃ 진간장 20㎖ ┃ 고추장 40g ┃ 백설탕 5g ┃ 깨소금 5g ┃ 참기름 5㎖ ┃ 소금(정제염) 20g ┃ 검은 후춧가루 2g ┃ 식용유 10㎖

🍴 작업 과정

1 생선 손질하기 생선은 지느러미를 제거하고 비늘을 긁은 후 아가미에 나무젓가락을 넣어 내장을 제거한다. 손질한 생선 등 쪽에 2㎝ 정도의 간격으로 3번 칼집을 넣어 소금을 뿌려 절인다.

2 양념장 만들기 파, 마늘은 곱게 다져 고추장, 간장, 설탕, 깨소금, 후춧가루, 참기름을 넣어 양념장을 만든다.

3 유장 발라 초벌굽기 절인 생선의 물기를 제거하고 간장, 참기름을 혼합하여 유장을 만들어 생선에 골고루 바른다. 석쇠를 불에 올려 뜨거워지면 기름을 바르고 생선을 올려 초벌구이 한다.

4 양념장 발라 굽기 초벌구이한 생선에 양념장을 앞, 뒤로 골고루 바른 후, 석쇠에 올려 타지 않게 굽는다.

5 완성하기 완성 접시에 생선 머리가 왼쪽, 배가 앞쪽으로 오도록 담는다.

체크 **Point**
☑ 석쇠에 기름을 발라 코팅하기
☑ 생선의 익은 정도
☑ 접시에 담은 생선의 방향

오징어볶음

🍽 재료목록

물오징어(250g) 1마리 ▪ 소금(정제염) 5g ▪ 대파(흰 부분 4cm) 1토막 ▪ 마늘(중, 깐 것) 2쪽 ▪ 생강 5g ▪ 검은 후춧가루 2g ▪ 진간장 10㎖ ▪ 참기름 10㎖ ▪ 백설탕 20g ▪ 깨소금 5g ▪ 풋고추(5cm 이상) 1개 ▪ 홍고추(생) 1개 ▪ 양파(150g) 1/3개 ▪ 고춧가루 15g ▪ 고추장 50g ▪ 식용유 30㎖

🍴 작업 과정

1 **재료 준비하기** 양파는 손질하여 한 장 씩 떼어 낸 후 폭 1cm로 썰고, 대파는 어슷 썬다. 홍고추와 풋고추는 어슷하게 썰어 씨를 제거하고 마늘과 생강은 곱게 다진다.

2 **오징어 손질하기** 오징어는 먹물이 터지지 않게 배를 갈라 내장과 다리의 빨판, 껍질을 제거하고 몸통 안쪽에 0.3cm 폭으로 어슷하게 칼집을 넣고 폭 1.5cm, 길이 4cm로 썰고 다리도 4cm 길이로 썬다.

3 **양념장 만들기** 고추장, 고춧가루, 다진 마늘(2/3), 다진 생강(2/3), 간장, 설탕, 깨소금, 후춧가루, 참기름을 넣어 양념장을 만든다.

4 **볶기** 팬이 뜨거워지면 기름을 두르고 다진 마늘, 다진 생강, 양파를 넣고 볶다가 오징어를 넣고 볶으면서 양념장, 홍고추, 풋고추, 대파를 넣어 양념이 타지 않게 볶고 참기름을 넣어 골고루 섞는다.

5 **완성하기** 완성 접시에 보기 좋게 담는다.

체크 Point
☑ 오징어 몸통 안쪽에 칼집 넣기
☑ 완성했을 때 수분과 색깔